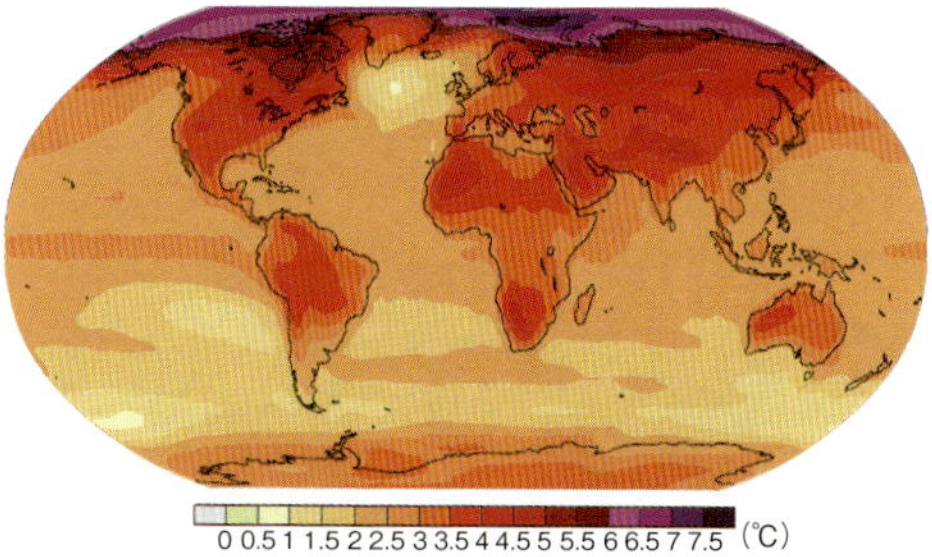

口絵 1　21世紀末(2090～2099年)における地上気温の変化の予測。複数の大気海洋結合モデルによって計算された A1B シナリオの予測の平均値を示す。気温は 1980 ～ 1999 年との比較である（IPCC 第 4 次評価報告書 統合報告書 政策決定者向け要約 図 SPM.6 より）

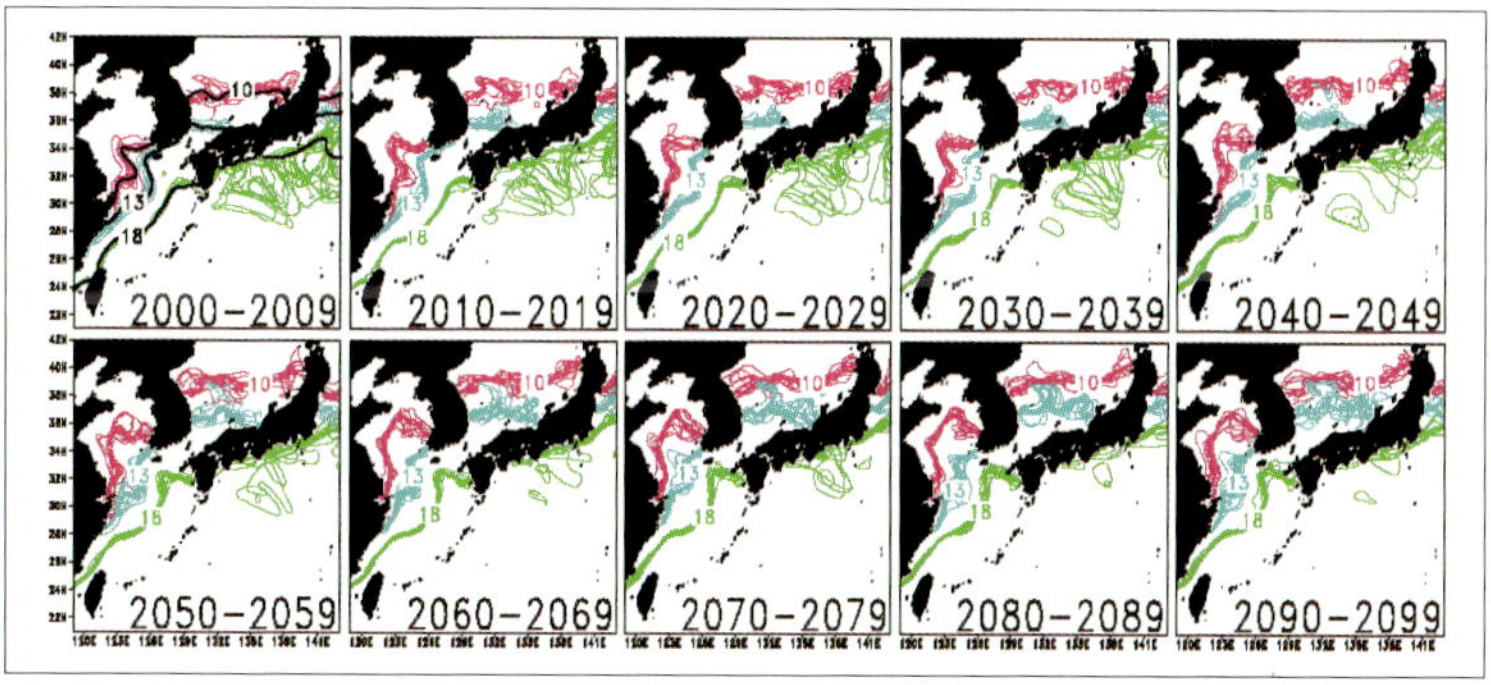

口絵 2　高解像度気候予測シミュレーションによる、海面水温に基づく簡易指標を用いて得られた、2000 ～ 2099 年の 10 年ごとの日本近海におけるサンゴ生息域の北限位置。最寒月海面水温 18℃線（緑線）はサンゴ礁形成北限、13℃線（青線）は高緯度サンゴ群集成立北限、10℃線（赤線）は高緯度サンゴの分布北限を表す。細線は各年の等温線を表す。2000 ～ 2009 年の図の黒太線は観測値の 2000 ～ 2008 年の 9 年平均値を表す（屋良ら , 2009 より）

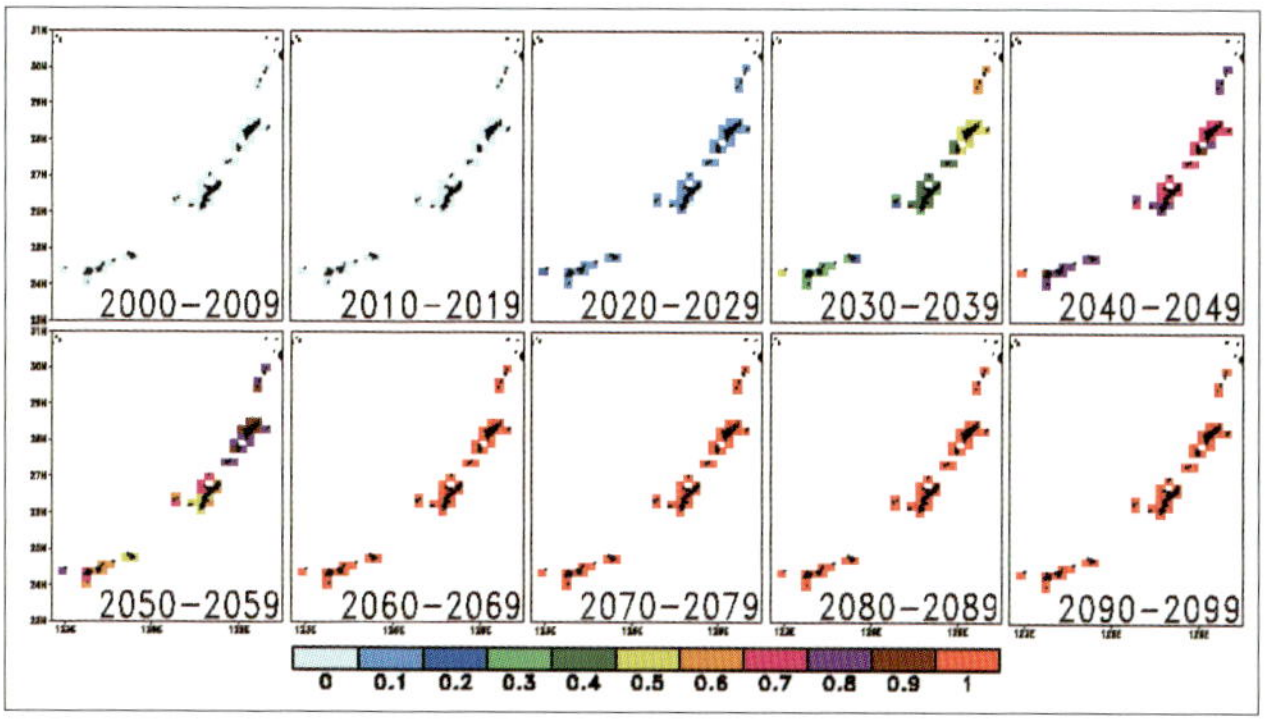

口絵 3　高解像度気候予測シミュレーションによる、海面水温に基づく簡易指標を用いて得られた、2000 ～ 2099 年の 10 年ごとの南西諸島におけるサンゴの深刻な白化（大量死または絶滅）を引き起こす可能性のある高水温が出現する確率（頻度）。色は図の下に示したカラーバーの確率の値を示す。値が 1 であれば毎年、0.5 であれば 10 年間に 5 年の頻度で、このような高水温が出現する可能性があることを示している。サンゴが現在生息している海域のみを着色の対象としている（屋良ら , 2009 より）

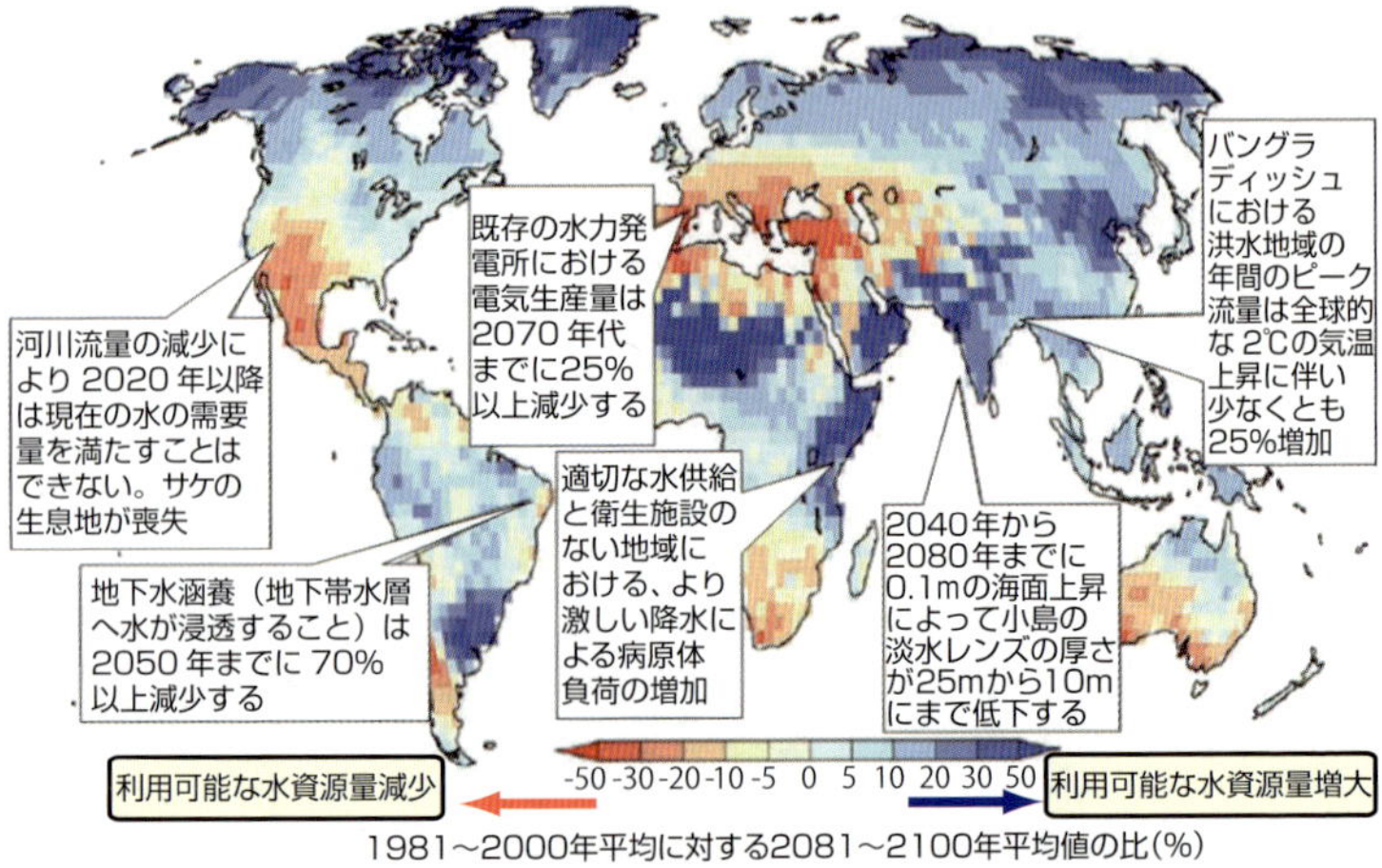

口絵 4　将来の淡水への気候変動影響。A1B シナリオに沿って推計。持続可能な開発へ影響の恐れがある地域に、影響を例示（IPCC 第 4 次評価報告書より。基の図は Nohara et al., 2006 による）

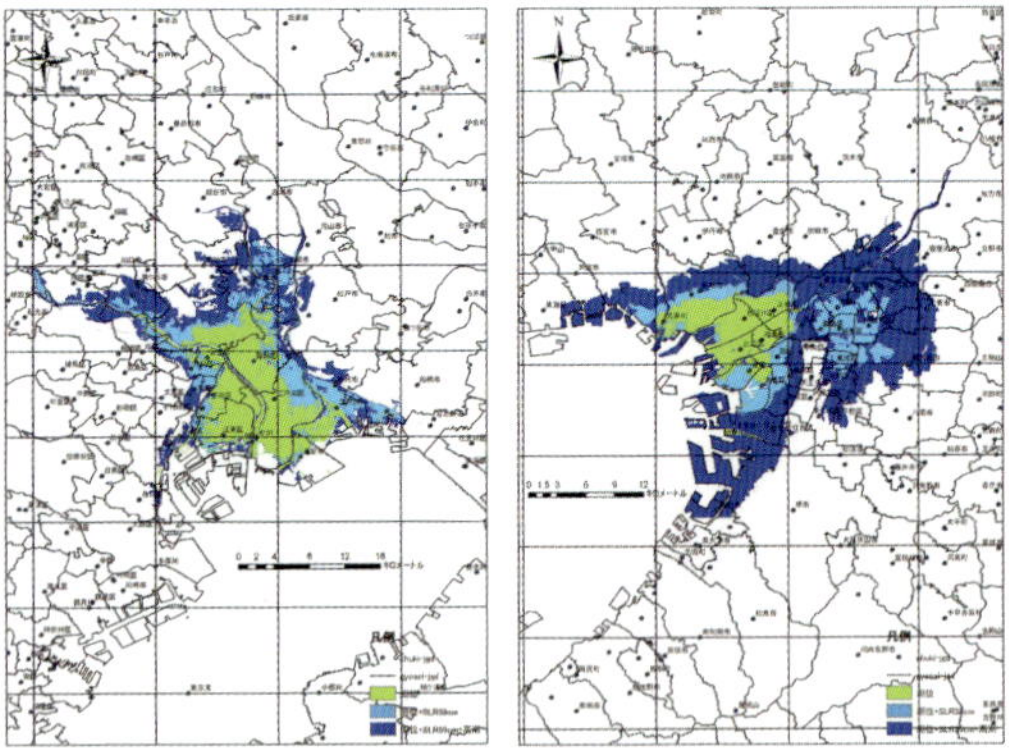

口絵 5　東京湾(左)、大阪湾(右)沿岸域の潜在的浸水域（設置されている護岸などの海岸・港湾構造物を考慮していない)。海面上昇（59 センチメートル）だけで浸水する領域（黄緑)、それに満潮位を考慮すると浸水する領域（青緑)、さらに過去最高の高潮を考慮すると浸水する領域（青）に分けて表示（茨城大学広域水圏環境センター 桑原祐史准教授提供）

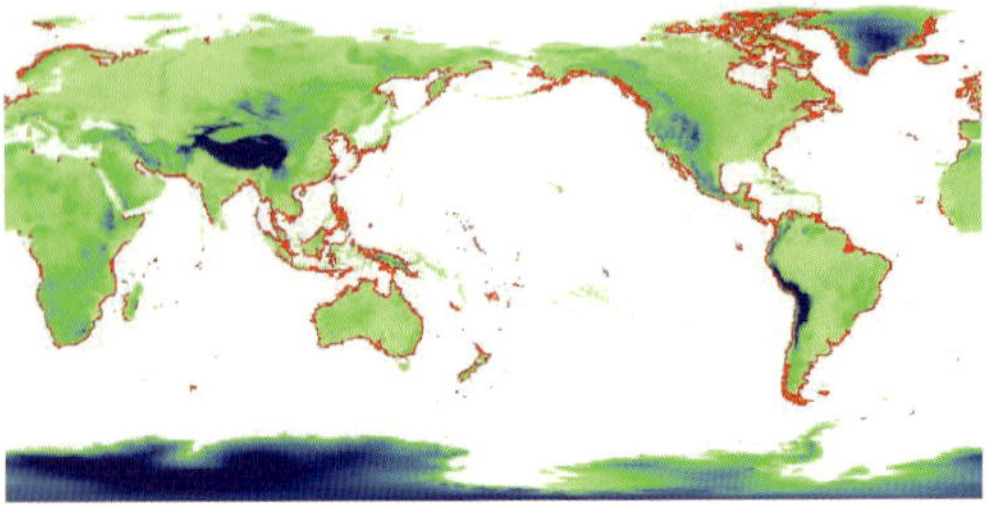

口絵 6　世界全体における潜在的浸水域。海面上昇 50cm ＋満潮における浸水想定域を赤で表示（茨城大学工学部都市システム工学科 水圏環境研究室提供）

地球温暖化はどれくらい「怖い」か？

温暖化リスクの全体像を探る

江守正多＋気候シナリオ「実感」プロジェクト 影響未来像班——●編著
阿部彩子／伊藤昭彦／沖大幹／髙橋潔／長谷川利拡
藤井賢彦／本田靖／山中康裕／山本彬友／横木裕宗

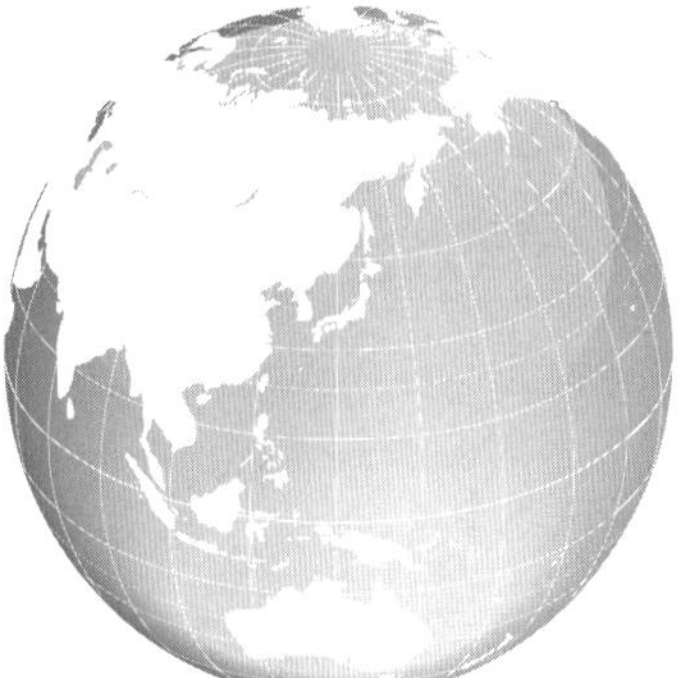

技術評論社

はじめに

２００９年末から２０１０年初頭にかけて、地球温暖化の科学の信頼性に疑問を投げかける二つの事件が起こりました。

一つは、イーストアングリア大学メール流出事件、通称「クライメートゲート事件」です。英国イーストアングリア大学の気候研究者たちが国内外の研究者とやりとりした大量のメールや文書ファイルが、何者かの手によってインターネット上に流出しました。メールの内容から、過去の気候変化を示すデータに研究者たちが不正な操作を行って温暖化を強調していたのではないかという疑いがかけられました。

もう一つは、国連の「気候変動に関する政府間パネル」（ＩＰＣＣ）の報告書に間違いが見つかった問題です。ＩＰＣＣの報告書は世界中の研究者が協力して執筆し、温暖化の国際交渉などで各国政府が参照する科学の標準になります。そのＩＰＣＣが２００７年に発表した、第４次評価報告書の中の温暖化の影響に関するいくつかの記述が問題になりました。特に問題になったのは、ヒマラヤの氷河が２０３５年までにほとんど融けてしまう可能性が非常に高いという記述で、その元となった引用文献は環境保全団体ＷＷＦの報告書でした。これが科学的に明らかに間違った、温暖化の影響の深刻さ（あるいは「怖さ」）を過大評価するものだったのです。

これらの事件が温暖化の科学を覆すようなものだったかというと、そうではありません。「クライメートゲート事件」については、二つの独立調査委員会が立ちあがりましたが、どの調査からも研究者たちによる科学的な不正はなかったことが結論付けられています。ＩＰＣＣの間違いについては、訂正が行われ、報告書全体の結論に影響を与えるものでないことが確認されました。また、これをきっかけに、ＩＰＣＣは世界の科学アカデミーからなるインターアカデミーカウンシルの独立評価を受け、報告書作成手続き等を見直しました。その結果は２０１３～２０１４年に発表される第５次評価報告書に反映されます。

ここで注意してほしいのは、どちらの事件にも、その背景に気候変動政策（地球温暖化対策）の是非をめぐる政治的なせめぎ合いがあることです。社会が温暖化対策を進めることが「不都合」である一部の人たちには、温暖化の科学の信頼性を何とかして貶めようという動機が働くでしょう。イーストアングリア大学からメールを盗んだ人や、これら二つの事件をことさらに騒ぎ立てた人たちには、そのような動機があった可能性があります。一方で、逆に、温暖化対策を進めたいと思っている人たちは、科学に対して、温暖化の「怖さ」をなるべく深刻なものとして、なるべく断定的に警告してもらいたい、と願っている人が少なくないでしょう。WWFの報告書の記述は、そのような願いと関係していた可能性があります。温暖化の科学は、常にこのような政治的なせめぎ合いの狭間に立たされているのです。

さらに厄介なことには、温暖化の研究者自身の中にも、その人の個人的な価値観として、温暖化の「怖さ」を社会に訴えて社会を変えていきたいと思っている人もいるでしょうし、そうでない人もいるでしょう。研究者自身がそのような多様な価値観を持っているとしたら、そこから発信された科学的知見を社会はどのように受け止めたらよいのでしょうか。IPCCでは、多くの専門家や政府が原稿にコメントする査読の手続き等によって、報告書の内容が一部の執筆者の意見を反映した偏ったものにならないように工夫されています。しかし、そこにヒマラヤの件のような間違いが紛れ込んでしまった事実は、IPCC報告書の質と客観性を信用していた人たちや研究者たち自身にとって、なんとも後味の悪い感じを残したように思います。

＊

本書の執筆者は、２００７年に始まった環境省の研究プロジェクト「地球温暖化に係る政策支援と普及啓発のための気候変動シナリオに関する総合的研究」（通称：気候シナリオ「実感」プロジェクト、代表：東京大学 住明正教授）のメンバーを中心とした研究者です。研究プロジェクトでは、主として将来予測のシミュレーションの研究を行いました。しかし、そのような自分たちの研究を集めただけでは地球温暖化問題の全体像を描くことはできないと考えたため、本書のような総合的な解説の作成に取り組むことにしました。

思い返せば、プロジェクトを開始した２００７年は、アル・ゴア米国元副大統領の映画『不都合な真実』が話題になり、ＩＰＣＣ第４次評価報告書が発表され、京都議定書第１約束期間の開始を翌年に控えた、「温暖化ブーム」の元年でした。テレビ等で解説される温暖化問題は、往々にして「シロクマ」や「ツバル」といった象徴的なメッセージによる単純化されたものでした。温暖化は脅威だという本と、温暖化はウソだという本が競うようにして書店に並びました。

このようなブームが世界的にも進行するその裏側で、政治的なせめぎ合いも次第に激しさを増し、あたかもそれが飽和点に達したかのようにして起こったのが、最初に述べた2009年末からの二つの事件だったように感じられます。

地球温暖化はどれくらい「怖い」か？　このシンプルな問いは、地球温暖化の対策をどれくらい行うべきか、という社会の重要な意思決定に大きく影響するはずです。そして、本来、社会の意思決定に必要な情報としての科学的知見とは、ブームや政治的なせめぎ合いとは独立したものであるべきだと思います。その本来のあり方をめがけて、本書は企画されています。

つまり、これまでの多くの解説が温暖化は「怖い」という立場か「怖くない」という立場のどちらかで書かれていたのに対して、本書はそのどちらにも立たないことを意識して書かれたものとして、おそらく画期的といえるでしょう。温暖化の影響の各分野の専門家が、できるかぎり偏りのない、包括的な解説を試みました。本書の「偏りのなさ」は、何らかの検証を受けたわけでなく、残念ながら自己申告ですが、上記のような問題意識を持った研究者のグループによる試みとして、本書の内容がみなさんの目にどう映るか、評価を待ちたいと思います。また、知見のかなりの部分はＩＰ

CCの報告書やそこで引用されている論文に基づいていますが、我々のバランス感覚に基づいて知見の整理を行い、一般読者への読みやすさを配慮して構成し、最新の論文や我々自身の研究成果も加味しました。なお、本書の執筆者の一部はIPCCの第4次/第5次評価報告書の執筆者でもあります。

これまで、温暖化は「怖い」と思っていた人も、「怖くない」と思っていた人も、どちらかわからなかった人も、興味がなかった人も、先入観を取り除いて、改めてこの問題を考えて頂くために、本書をぜひご活用ください。

執筆者を代表して　江守正多

目次

第五章　農業への影響　161

終章　温暖化影響の全体像をどう見るか……269

序章　なぜ地球温暖化の影響の「全体像」を知るべきか

国立環境研究所　地球環境研究センター　気候変動リスク評価研究室 室長　江守正多

一　地球温暖化と社会

本書では、地球温暖化の影響、すなわち地球温暖化が進むと何が起こるのかについて論じますが、その前に、少し問題の大枠について整理しておきたいと思います。

●温暖化に関わる社会的主体は様々

まず、地球温暖化という問題と社会との関係を考えてみます。地球温暖化は社会が引き起こしている問題であると同時に、社会は地球温暖化の影響を受けるという関係にあります。社会といっても、地球温暖化を引き起こす原因となるのは、世界各国の全体からなる社会です。地球温暖化の進行は、世界全体から排出される温室効果ガスの総和で決まるからです。同じ量の温室効果ガスは、それがどの国から排出されたとしても、地球温暖化を同じ程度進行させます。一方、地球温暖化から受ける影響の種類や程度は、それぞれの国や地域によって様々に異なります。

一国の中に注目すると、社会を構成する様々な主体が存在します。ここでは、さしあたって行政、産業、市民に主体を分類します。国の行政は、国際交渉で他国と議論しながら国際的な温暖化対策目標などを設定するとともに、国内においては温暖化対策のための政策を導入します。産業や市民は、（直接発言する以外にも世論形成などを通じて）このような政策に支持を表明したり不支持を表明したりすることができます。また、産業や市民は、行政が導入した政策に従う他に、自発的にも温暖化対策に取り組むかもしれません。

●対策には動機が必要

主要な温暖化対策には、「緩和策」と「適応策」があります。

緩和策は、温室効果ガスの排出量を削減することにより、地球温暖化の進行そのものを遅らせたり食い止めたりすることです。前述したように、世界全体の排出量が減らなければ緩和策は意味がありませんので、世界全体での協調した取り組みが重要となります。

一方、適応策は、社会のハード面やソフト面の社会基盤（インフラ）整備などを通じて、特定の温暖化影響をできる限り回避する（正の影響の場合は増幅する）ことです。洪水の増加に備えて堤防を整備すること、熱中症の増加に備えて熱波警報システムを整備すること、農業において作付け時期や品目を気候の変化に応じて変更することなどが、その例にあたります。適応策は、緩和策と違って、地域ごと、分野ごとに独立した取り組みとして行うことができます。具体的な適応策は、主に自治体の行政で検討される他に、産業が自身の産業活動への温暖化の悪影響を避けるために自発的に検討することもあるでしょう。

一般に、対策には、費用、手間、仕組みの変更など、（仮にそれが後で元が取れるとしても）広い意味でのコストがかかりますので、産業や市民が対策を誘導する政策を受け入れたり自発的に対策を行ったりするためには、何らかの動機が必要になります。

二　温暖化の影響を知る目的

ここで、地球温暖化が進むと何が起こるか、という地球温暖化の影響についての科学的な知見を社会が知ることの目的、あるいは意義について考えてみましょう。この目的は、大きく二つあげることができます。

（一）温暖化の緩和策について、行政が、国際交渉でとるポジションや導入する国内政策について判断するため。また、産業や市民が、それらを支持するかどうかを判断したり、自発的に対策をすべきかどうかを判断したりするため。

（二）温暖化の適応策について、行政や産業が、具体的にどのような影響を避けるためにどのような適応策を行うかを判断するため。

両者は、必要となる科学的な知見の性質が大きく異なるので、分けて考える必要があります。

●緩和策の判断に必要なのは包括的な知識

まず、（一）の緩和策についての判断は、どの程度まで対策を行うか（気温上昇を何℃以下に抑えるか、温室効果ガスの排出量を何%削減するか、対策コストをどれくらいかけるかなど）という「量の選択」です。もちろん、この他に、どのようにして排出量を削減するか（エネルギー政策か、省エネかなど）という「手段の選択」が必要ですが、こちらは、温暖化の影響についての科学的な知見とは基本的に無関係に決めることができます。「量の選択」を行う際に重要なのは、対策の動機の強さです。つまり、地球温暖化の影響が全体として深刻であると認識されるほど、対策は強く動機づけられ、それほど深刻でないと認識されれば、弱くしか動機づけられないと考えられます。温暖化影響についての科学的知見は、この深刻度の認識を根拠づけます。このとき、一部の影響のみに注目して他の影響を無視してしまうと、温暖化影響の総合的な深刻度の認識が偏ったものになり、したがって緩和策の「量の選択」を誤る恐れがあります。このことから、緩和策を考える際に必要な温暖化影響の科学的知見は、できる限り包括的で、不偏的である（バランスがよい）べきと考えられます。言い換えれば、温暖化影響の「全体像」が科学的知見として提示されるべきです。

●適応策の判断に必要なのは個別具体的な知識

次に、（二）の適応策についての判断は、緩和策の場合と違って、「手段の選択」が温暖化影響の科学的な知見に直接的に依存することが特徴です。つまり、どの地域でどんな影響がどの程度起こると予測されるかによって、導入すべき適応策がまったく違ってきてしまいます。例えば、温暖化が進むにつれて長期的に気温が上昇することや海面が上昇することは間違いありませんが、降水量については増える地域と減る地域があると考えられます。降水量が増えるか減るかによって、導入すべき適応策は異なるでしょう。また、それらの変化がどの程度の速さで進むと予測されるかによっても、対策の程度や緊急度が変わってくるでしょう（この部分は「量の選択」になります）。

したがって、適応策を考える際に必要な温暖化影響の科学的知見は、できる限り個別具体的で、定量的であるべきと考えられます。ただし、将来の予測には必ず不確かさが伴うので、具体的、定量的であろうとするほど、不確かさの把握（例えば、確率分布のような不確かさの表現を使うこと）が重要になります。これは、天気予報で用いられる降水確率に似たものだと考えればわかりやすいでしょう。

三　温暖化影響の「全体像」の把握に向けて

本書で試みるのは、前者の、緩和策を考える際に必要な包括的、不偏的な温暖化影響の科学的知見、つまり「全体像」の提示です。後者の、適応策を考える際に必要な個別の知見の提示は、別の機会に譲ります。

「全体像」をできるだけ漏れがなくバランスよく描くために、本書で注意したのは以下のような観点です。

（一）影響予測の定量的な不確実性

シミュレーションなどで科学的に予測された影響の値には実際には幅がある。

（二）気候変化以外の要因の寄与

人口増加や都市化などの気候以外の要因が、注目する影響に及ぼす寄与。例えば、将来の水不足の増加には気候以外に人口増加が極めて重要。

（三）好影響と悪影響

温暖化には社会にとって好ましい（正の）影響もあるということ。例えば、寒冷域においては農業や人の健康等に対する寒冷ストレスの減少が期待される。

(四) 直接影響と間接影響

例えば日本への影響といった場合、日本の気候の変化によりもたらされる影響(直接影響)だけでなく、国外の影響を通じてもたらされる影響(間接影響)があるということ。貿易を通じた影響、難民の増加、紛争の増加などが考えられる。

(五) 適応の効果、適応導入の難易度

適応が容易な影響については、適応がない場合の影響の大きさを強調することは不適切であることなど。例えば、これまで冷房を持たない寒冷域でも夏が暑くなれば冷房が普及し、熱波による健康被害はこれまでの経験の外挿よりも小さくなると予想される。

(六) フィードバック、高次影響

例えば、洪水が増加した場合の感染症などの二次災害の増加や引き続く産業活動への影響など、影響の連鎖を考慮すること。

（七）サプライズの可能性とインパクト

南極氷床の急激な崩壊や凍土からのメタンの放出といった、可能性は現時点で不明であるが、科学的にあり得ないとはいえない大規模な影響をどこまで心配するか。

（八）価値判断に依存する部分

野生生物種の絶滅や他国の災害に心が痛むかどうか、将来世代への影響をどの程度重要と考えるかなどに個人差があること。

●「怖くない」情報も「怖い」情報も偏らずに提示

もしもこれらの観点の一部のみを意図的に選んで、温暖化の影響を描写したらどうなるでしょうか。

例えば、温暖化以外の要因の重要性（二）、正の影響（三）、適応が容易な影響（五）などを強調すれば、温暖化は「怖くない」という印象を与える描写ができあがるでしょう。逆に、他国の災害を通じた難民や紛争の増加（四）、南極氷床の急激な崩壊など大規模影響の可能性（七）などを強調すれば、温暖化は「非常に怖い」という印象を与える描写ができあがるでしょう。つまり、温暖化影響の「怖さ」の印象は、語り手の意図によっていくらでも操作できてしまう恐れがあるということです。

本書では、上記の八つの観点をまんべんなく注意することで、「怖くない」側にも「怖い」側にも幅を広げ、できるだけこのような偏りを避けることに努めました。とはいえ、ここで提示される「全体像」は、紙幅の限界や執筆者の知識の限界によって制限を受けるとともに、執筆者のバランス感覚にもある程度依存せざるを得ないことを、読者には十分にご承知頂きたいと思います。

第一章　気候への影響

国立環境研究所 地球環境研究センター 気候変動リスク評価研究室 室長　江守正多

国立環境研究所 地球環境研究センター
物質循環モデリング・解析研究室 主任研究員　伊藤昭彦

東京大学 大気海洋研究所 准教授　阿部彩子

北海道大学 大学院地球環境科学研究院 教授　山中康裕

北海道大学 大学院地球環境科学研究院 博士研究員　山本彬友

はじめに

地球温暖化による様々な影響を考える際には、まず、物理的な気候がどう変わるかということが基になります。地球温暖化とは、単に気温が上昇することではありません。それに伴って、氷が融けたり、海面が上昇したり、雨の降り方が変わったり、といったように、気候の様々な側面が変化します。また、気温の上昇にしても、世界中が一様に温まるわけではなく、温まり方には地域的・季節的な違いがあります。

このような将来の気候の変化を調べるにはどうしたらよいのでしょうか。まず、将来の世界の社会経済（人口、GDP、エネルギー技術など）がどのように推移するか、考えられる幅の中でいくつかのシナリオを想定します。このシナリオのそれぞれについて、温室効果ガス等の排出量の変化を推計し、それらの大気中濃度の変化を推計し、それを基に、気候の変化を予測します。したがって、気候の変化を「予測」するといった場合、将来に実際に起こることをピタリと当てようとしているのではなく、幅のあるシナリオに対応して、気候がどのような幅で変化するかを調べている、というふうに理解するのがよいでしょう。

この意味で、「予測」（英語ではPrediction）と区別して「見通し」（Projection）という言葉を使うことがありますが、本書では言葉の馴染みやすさに配慮して、地球温暖化の将来見通しのことを「予測」とよびます。

世界平均気温は何℃上がるか

気候変動に関する政府間パネル（ＩＰＣＣ）が２００７年に発表した第４次評価報告書によれば、世界平均気温は今後百年間で1.1～6.4℃上昇するという幅が示されています（次ページ**図1-1**）。これは、ＩＰＣＣが想定した社会経済シナリオの幅と、科学的な予測の不確かさの幅を合わせたものです。

社会経済シナリオは、将来の社会が経済重視で進むか（Ａ）／環境と経済の調和を図るか（Ｂ）、国際化が進むか（１）／進まないか（２）、発電技術に主として化石燃料を使い続けるか（ＦＩ）／新技術に大きく移行するか（Ｔ）／その中間か（Ｂ）、といった違いで６つの異なるシナリオが描かれています。最も気温上昇が小さいのは、

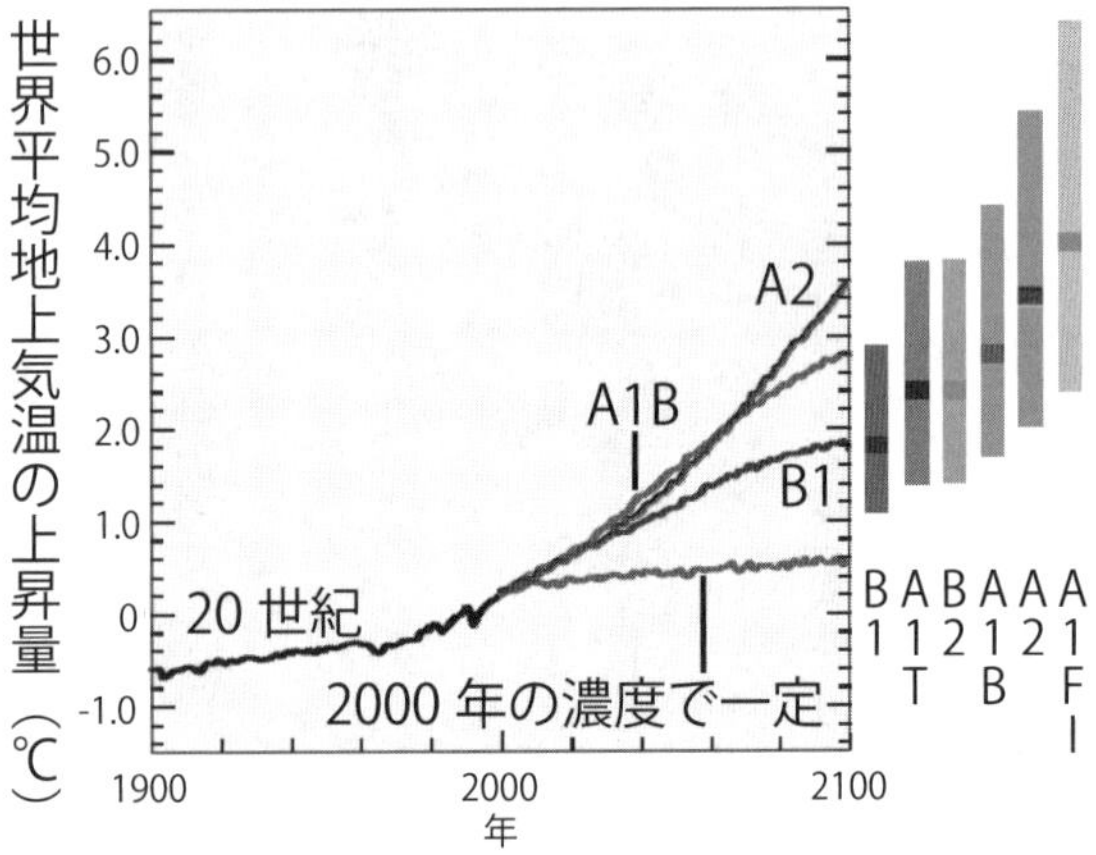

図 1-1 実線は、A2、A1B、B1 シナリオにおける、複数のモデルによる地球平均地上気温の昇温を、20 世紀の状態に引き続いて示している。予測には短寿命温室効果ガス及びエアロゾルの影響も考慮。一番下の線はシナリオではなく、2000 年の大気中濃度で一定に保った大気海洋結合モデルシミュレーションによるもの。図の右の帯は、6 つのシナリオにおける 2090 ～ 2099 年についての最良の推定値（各帯の横線）及び可能性が高い予測幅を示す。全ての気温は 1980 ～ 1999 年との比較である（IPCC 第 4 次評価報告書 統合報告書 政策決定者向け要約 図 SPM.5 より）

Ｂ１とよばれる、環境と経済の調和を図った上で国際化が進むシナリオです。最も気温上昇が大きいのは、Ａ１ＦＩとよばれる、経済重視で国際化が進み、化石燃料への依存が続くシナリオです。

科学的な予測の不確かさの幅は、それぞれのシナリオについて示されています。例えば、最も気温上昇が小さいＢ１シナリオであれば、最良の推定値が1.8℃、可能性が高い予測幅が1.1〜2.9℃です。最も気温上昇が大きいＡ１ＦＩシナリオでは、最良の推定値が4.0℃、可能性が高い予測幅が2.4〜6.4℃です。ここで、可能性が高い予測幅とは、もし実際の社会経済がこのシナリオどおりになった場合、66％の可能性で、実際の気温上昇がこの幅の中に入るだろう、という幅です。したがって、実際の気温上昇がこの幅の上限より高くなる可能性も、下限より低くなる可能性も、17％くらいずつあるということです。

●予測に幅の生じる原因

予測にこのような幅が生じる原因は、大きく分けて（一）気候感度と海洋熱吸収の不確かさ、（二）気候‐炭素循環フィードバックの不確かさ、の二つです。

気候感度とは、温室効果ガスの増加に対する世界平均気温の上がりやすさの指標です。具体的な気候感度の値として、大気中の二酸化炭素（CO_2）濃度を2倍に増やして、十分に（～百年程度以上）時間がたったときの世界平均気温の上昇量（CO_2倍増平衡気候感度といいます）を考えると、この値の最良の推定値は3℃で、2℃～4.5℃の幅に入る可能性が高い（66％の可能性）と推定されています。このように気候感度に不確かさがあるのは、地球の気温が上昇した際に生じる様々なフィードバックの大きさに不確かさがあるためです。気温が上昇すると水蒸気が増加し、水蒸気の温室効果により気温上昇を増幅します（水蒸気フィードバック）。また、気温が上昇すると雪や氷が減少し、地表面の反射率（アルベド）が下がることにより、日射の吸収が増え、気温上昇を増幅します（雪氷アルベドフィードバック）。これらの大きさは比較的よくわかっていますが、最も不確かなのは、雲のフィードバックです。雲は、日射を遮って地表面を冷やす効果と、赤外線が宇宙へ逃げるのを妨げて地表面を温める効果の両方を持っています。温暖化が進んだときに、どこの地域でどんな種類（高さ、厚さなど）の雲が増えるか、減るかがかなり正確に予測できないと、雲の変化が正味で地球全体の気温上昇を増幅するのか抑制するのかさえわからないのです。

海洋熱吸収は、海水の混合や循環によって、熱が海洋表層から中層・深層に運び込まれる速さのことです。気候感度が同じであっても、海洋熱吸収が大きいほど、温暖化が徐々に進行していく際の各時点での気温上昇は遅らされます。海洋熱吸収も推定の大きさに幅があり、正確な値はわかっていません。ただし、大気中の温室効果ガスの増加を止めて十分に時間がたったときの気温上昇量は、海洋熱吸収の値に依りません。この状態では、海洋の表層から深層まで熱がいきわたっているためです。

気候－炭素循環フィードバックとは、気候が変化することにより自然界の CO_2 の吸収・放出速度が影響を受け、それがさらに気温に影響を及ぼすことです。現在、人類が毎年大気中に放出している CO_2 のおよそ半分の量の CO_2 が自然界の陸域生態系と海洋によって吸収されています。その残りの量が大気中に年々増加していくわけなので、自然界の吸収量が将来どう変化するかは重要な問題です。大気中の CO_2 濃度の増加は植物の光合成を活発化させるので、陸域生態系による CO_2 吸収を増加させる方向に働きます。一方、気温の上昇は土壌中の微生物による有機物の分解を活発化させ、土壌から大気に放出される CO_2 を増加させるため、陸域生態系による正味の吸収量を減少させる方向に働きます。陸域生態系の応答は主にこの二つのバランスで決まりますが、気温上昇が大きく進むと、土壌からの放出の増加が支配的になり、やがては陸域生態系が正味でCO_2を放出する可能性も指摘されています（第二章参照）。海洋については、海水温が高いほど海水にCO_2が溶けにくくなるため、やはり気温上昇は吸収量を減少させる効果をもたらしますが、その効果は陸域の場合ほど大きくありません。

三　気候変化の地域的な分布

世界平均気温が上昇するにつれて、各地域で気温の上昇や降水量の変化が進みますが、その地域的な分布の特徴はシナリオにあまり依らず、おおよそ共通した傾向を持ちます。

●各地域における気温上昇

気温上昇量の地域的な分布に関しては、まず北半球高緯度の冬季に気温上昇が大きいという特徴があります（**口絵1**）。これは、北極海の海氷や陸上の積雪が減少することによる雪氷アルベドフィードバック（前述）や、地表面付近が低温で大気が安定している（上下に混ざりにくい）ため増加した熱量が地表面付近に溜まりやすいことなど、複数の効果によるものと考えられます。

次に、上記のように気温上昇が大きい北極海を除けば、一般に、海上よりも陸上で気温上昇が大きい傾向があります。これは、海上では蒸発の増加と海水の中層・深層への混合によって海洋表層から上下に熱を逃がすことができるのに対して、陸上では蒸発できる水分が限られているとともに、熱を地下に逃がす効率も悪いためです。また、南極大陸の周辺と北大西洋のグリーンランド沖には、特に気温上昇が極小の領域があります。これは、これらの領域では海水が深くまで沈み込んでおり、かつ海流の変化によりこの領域に運ばれてくる熱が減少するためです（六節の（二）「海洋深層大循環（熱塩循環）の停止」も参照）。

●各地域における降水量の変化

降水量に関しては、地球全体を平均すると増加すると予測されていますが、地域的には増加する地域と減少する地域があると考えられます。

降水量が減少する地域は、地中海周辺やオーストラリア、北米中南部など、亜熱帯から中緯度に存在します。南米アマゾンなど熱帯の陸上でも減少する可能性があります。一般に、亜熱帯では、熱帯で上昇して雨を降らせた後の乾燥した高温の空気が下降してきます（雨を降らせた空気が高温になるのは、水が気体から液体になるときに熱が放出されるためです）。温暖化が進むと、熱帯でより多くの雨が降り、より高温の空気が亜熱帯で下降してくるため、亜熱帯下層が乾燥し、雨が降りにくくなります。また、中緯度では、温帯低気圧の通り道（ストームトラック）が極寄りに移動するため、ストームトラックの赤道寄りでは降水量が減少する地域があります。逆に、降水量が増加する地域は、熱帯の海上や、中緯度のストームトラックの極寄りから高緯度にかけてで、もともと降水が生じやすい気候帯と概ね対応します。

なお、ここで述べたのは季節程度の期間を平均した降水量の変化であり、より短期的な大雨の頻度などは別の変化をします。これについては次に述べます。

四 異常気象はどう変わるか

実際の気候は年々不規則に変動しており、日々の気象も不規則に変動します。このような変動がたまたま極端に振れた場合を、極端現象とよびます（よく異常気象とよばれるものとほぼ同じです）。例えば、極端な高温、極端な低温、極端な大雨、極端な乾燥などです。

温暖化が進むと、平均気温の上昇に伴い、基本的には極端な高温の頻度は増え、極端な低温の頻度は減ります。地域によっては、土壌が乾燥するなどの理由で、気温の変動の幅が大きくなり、これが極端現象の発生に影響を及ぼす可能性がありますが、おおまかには、上昇する平均気温に現在とほぼ同様の変動が重なることにより、極端な高温が出やすく、極端な低温が出にくくなると考えてよいでしょう。

また、ひと雨あたりの降水量が大きい「大雨」の頻度は、地球上のほぼすべての地域で増加すると考えられます。これは、基本的に、気温上昇に伴い、大気中の水蒸気量が増加するためです。前節で述べた、平均的な降水量が減少するような地域でも、水蒸気量は増えているため、ひとたび強い上昇気流が起これば、より大きな降水量がもたらされます。逆に、極端な乾燥、例えば長い連続した無降水期間は、前節で述べた平均的な降水量が減少するような地域では、より頻発するようになると考えられます。

大雨をもたらす現象の中でも、特に熱帯低気圧（台風、ハリケーンを含む）については、地球全体での発生数は減少する一方、強い熱帯低気圧の数が増えるとする見方が有力です。熱帯低気圧の地域ごとの発生数や移動経路、上陸数等の変化についてはまだよくわかっていません。

五　海面水位はどれくらい上がるか

温暖化が進むと、海面水位が上昇します。これは、海水が暖まって体積が増える熱膨張の効果と、陸上の氷が減少して海水の質量が増えることによります。地域的には、さらに海流の変化による効果が加わりますが、ここでは世界平均の海面水位上昇について説明します。

2007年のIPCC第4次評価報告書によれば、今世紀末までの海面水位上昇量の予測幅は、最も気温上昇の小さいB1シナリオで18～38センチメートル、最も気温上昇の大きいA1FIシナリオで26～59センチメートルとなっています。ただし、この値には「急速な氷の流れの力学的な変化を除く」という注意書きがあります。つまり、急速な氷の流れの力学的な変化の効果を入れると予測値が大きく変わる可能性がありますが、IPCCが報告書をとりまとめた時点ではその大きさが評価できなかったということです。

IPCC第4次評価報告書以降に発表された研究では、海面水位上昇の予測は高めになっており、低いシナリオでも30センチメートル、高いシナリオでは2メートルに及びます。原因のうちわけは、海水の熱膨張による分が10～50センチメートル、世界中の山岳氷河による分が17～65センチメートル、氷床の融解や降雪の変化による分はグリーンランドで3～17センチメートル、南極では降雪の増加のために0～マイナス10センチメートルほど（海面を低下させる効果）になります。

IPCC第4次評価報告書では「注意書き」のみで数字が示されなかった急速な氷の流れの力学的な変化の効果は、南極が西側を中心として最大で60センチメートル、グリーンランドとあわせて1メートル近くまでの予測が出されています。ただし、低い方の見積もりでは6センチメートルという研究もありますので、想定するシナリオやメカニズムの違いにより、6センチメートルから1メートルと非常に見積もりの幅が大きいのが現状です（六節の（二）「南極とグリーンランド氷床の不安定化」の項も参照）。

六 破局的な変化は起こるのか

温暖化が進み、あるレベルを超えると、気候システムに大規模で不連続な変化が生じる可能性があることがいくつか指摘されています。一般に、これらの変化については未解明な点が多く、さらなる研究が必要ですが、現時点でわかっている変化の性質や潜在的な深刻さについて把握しておくことが重要です。

（一） 海洋深層大循環（熱塩循環）の停止

熱塩循環とは、北大西洋のグリーンランド沖と南極周辺で低温・高塩分のため密度の高い水が沈み込み、海洋の深層をめぐって再び表層に戻り、２０００年ほどかけて世界の海洋を一周する流れです。温度と塩分で決まる密度によって駆動されるので、熱塩循環とよばれます。この循環の一部として、北大西洋では低緯度からの暖流がグリーンランド沖の沈み込み域に引き込まれるようにして高緯度まで流れ込んでおり、このためにヨーロッパは高い緯度のわりに比較的温暖な気候を保っています。

温暖化の進行により、海水の温度が上がることと、高緯度で雨が増えたり氷が融けたりして海水の塩分濃度が下がることで、沈み込み域の海水の密度が下がる可能性があります。そして、温暖化があるレベルを超えると、この密度の高い水の沈み込みが止まり、熱塩循環全体が停止するという可能性が指摘されています。熱塩循環が停止すると、北大西洋の暖流が高緯度まで来なくなり、ヨーロッパが寒冷化すると考えられます。また、南半球は逆に少し高温化するなど、世界全体の気候にも影響が及ぶ可能性があります。このような熱塩循環の停止は、今から1万3千年ほど前に気候が氷期から間氷期に移行する過程（ヤンガードリアス期）で実際に起こったと考えられています。

現在までの研究によれば、３次元の大気・海洋循環を表現したシミュレーションモデルを用いて実験を行うと、ほとんどのモデルが温暖化の進行に伴って熱塩循環が弱くなる傾向を示しますが、熱塩循環の停止を予測するモデルはありませんでした。このことから、熱塩循環が弱まる可能性は非常に高いが、今世紀中に停止する可能性は非常に低いと予測されています。また、熱塩循環が弱まることを考慮しても、ヨーロッパが現在よりも寒冷化することはなく、温暖化による気温上昇を弱める程度の効果になると考えられます。このことは、三節で述べた地域的な気温上昇量の分布に反映されています。

(二) 南極とグリーンランド氷床の不安定化

南極やグリーンランドに存在する氷床は、雪が長年積み重なって氷化したもので、中心の頂上付近では、厚さが3千メートルから4千メートルにも及びます。氷床の氷は、ちょうど上からたらし続けたはちみつが流れるのと同じように、常にゆっくりと流動しています。氷床内陸の場合は年間数メートルから数十メートル、底部の岩盤が谷のような形の場所では、流れが集中して、年間1キロメートルもの流速になります。気候が長期間ほとんど変化しなければ、上から雪として降り積もって「入ってくる」

氷の質量と、流動の結果末端で氷山の崩壊や氷雪の融解となって「出ていく」氷の質量が釣り合って、氷床全体の質量は変化しません。しかし、温暖化が進むと、入ってくる氷の質量に比べて出ていく氷の質量の方が大きくなり、氷床がどんどん縮小していく可能性があります。

最近10年の氷床の質量は、過去30年あるいはそれより長い過去に比べて明らかに減少してきたことが、グリーンランドと南極の両方で相次いで報告されています。特に最近5年はグリーンランドでは年間200ギガトン（ギガトン＝10億トン）、南極でも年間100から150ギガトンの氷が消失していると推定されており、この値は徐々に増加し続けています。両極とも降雪量（「入ってくる」量）は増加していると考えられますが、それを上回る勢いで氷の「出ていく」量が増加していることになります。

グリーンランドにおいて、氷の「出ていく」過程として特に重要なのは夏期における雪氷の融解です。温暖化により氷の融解が起こると、二つのフィードバックにより融解が促進されます。一つは、氷の融解により日射の反射率（アルベド）が低くなり、より日射を吸収しやすくなることによるフィードバック、もう一つは、氷の融解により雪氷表面の高度が下がることで表面の気温が高くなることによるフィードバックです。この二つのフィードバックがあることにより、気温上昇がある臨界点を超えるとグリーンランドの氷床の融解はある意味で不安定化すると考えられています。つまり、気温上昇が臨界点よりも下に留まれば、氷床がある程度存在する状態で融解が止まりますが、臨界点を超えた状態が続くと、最終的には氷床が完全に消失するまで融解が進むと考えられます。この臨界点はグリーンランド周辺の気温が現在よりも3℃前後（世界平均気温でいえば2〜3℃前後）高い状態と見積もられていますが、はっきりとはわかっていません。グリーンランドの氷床が完全に消失すると、海面を7メートル程度上昇させますが、それには数百年から数千年の時間がかかると考えられています。また、ひとたび気温が臨界点を超えても、その後にまた臨界点より下に下げることができれば、不安定化は止まります。

一方、南極においては、氷の「出ていく」過程として重要なのは氷の流出です。そして、南極においても氷床の消失が徐々に増加し続けていることから、氷の流出の加速化があるのではないかと考えられています。その大きな要因としては、海に先端部が浮かぶ棚氷が海洋の温暖化によって融解して薄くなり、もはや内部の氷の流出を食い止める役割を失ってしまうということがあげられます。また氷の底で融け水まじりの堆積物が潤滑油のような役割を持つこともあります。特に南極の西側全体は、底が水深数百メートル以上の海の中にあり、ひとたび氷の後退が始まると海底と氷床の間に海水が入り込み、浮力が働くことでますます氷が後退しやすくなるということが起こりやすいです。一方、南極の東側では岩盤が高く、底面が海洋にある場所が非常に少ないため、同じことは起こりにくいと考えられています。後退がとても速いスピードで起こるような場合、氷床の不安定化が起こっていると考えられ、ひとたび始まった後退がさらに氷床を不安定化させます。

南極氷床の不安定化がいつどのくらいの速さで起こるのかは、よくわかっていません。先駆的な研究例としては、西南極後退による海面上昇は21世紀終わりまでに30センチメートル、さらに数千年で5メートルほどと見積もったものがあります。しかし、氷と水と岩屑が混じった物質の性質や氷の破壊といった予測し難い複雑なメカニズムが関わっているため、今後さらなる研究が必要です。

(三) 凍土地帯からのメタン放出

北極域や高山などの寒冷域（だいたい年平均気温がマイナス2℃未満の地域）の多

くでは、土壌が深部まで凍結した「永久凍土」が形成されます。その面積は陸地全体の20％にも及ぶと考えられており、シベリアやカナダ・アラスカの大部分、つまりタイガとよばれる亜寒帯林やツンドラ地帯がそれに含まれます。永久凍土であっても、夏の短い期間には活動層とよばれる地表近くで氷が融けた部分ができ、冬になると再び凍結するということを毎年繰り返します。凍土地帯は、夏に溶けた水が溜まって湿地状態になることが多く、そこでは地中の微生物によって盛んに植物起源の有機物からメタンが生成されます（年間0.1ギガトン以上）。そのため、凍土の中には、強い温室効果（同じ重量あたりCO_2の20倍以上）を持つメタンガスが高い濃度で封じ込められている場合があります。

温暖化が進むと、夏により深くまで凍土が融けるようになります。また、冬季の積雪量が増えると、土壌への保温効果が高まって、より凍土が融けやすくなります。こうした凍土の融解に伴い、地中に閉じ込められていたメタンガスが大気に放出される恐れがあります。しかし、凍土地域の広さや閉じ込められたメタンの濃度の高さを考慮しても、凍土の空隙に含まれるガスが放出されるだけでは大した量にはならないはずです（現在の湿原から放出されている量の数十分の一）。ただし、地中でメタンガスが低温高圧下におかれてメタンハイドレート（水と結合した固体、次項も参照）になっている場合、それが大気にさらされることで大量のメタン放出が起こるかもしれません。地球の過去の気候変動では、このようなメタンハイドレート大量放出イベント（海底からのものを含む）が起こったことがあるようです。凍土中のメタンハイドレートの分布や存在量はほとんどわかっていないため、影響の程度を見積もることは現時点では困難です。したがって、ＩＰＣＣ報告書で用いられる気候モデル予測でも、凍土からのメタン放出（フィードバック）はほとんど考慮に入れられていません。

凍土の融解に伴って湿原の分布が変わり、そこからのメタン放出量が増減する効果も見逃せません。夏のより長い期間、より広い範囲で凍土が融けるようになると、北方の湿原からのメタン生成・放出量は大幅に増加するでしょう。逆に、気候の乾燥化や水循環の変化が起これば、湿原が縮小してメタン放出が減る可能性もあります。

（四）海底からのメタン放出

メタンハイドレートは低温高圧で存在するため、実は地球上のメタンハイドレートの大部分は海底の堆積層中に存在します。海底下約数十メートルより深い堆積層中では、海底に降り積もった生物の死骸等の有機物が微生物によって分解されることでメタンが生成され、その一部がメタンハイドレートとして存在するのです。

堆積層中にメタンガスが存在するためには、大量の有機物が海底に降り積もらなければなりません。そのためメタンハイドレートは主に有機物生産が高い大陸縁辺にあり、外海には存在しないと考えられています。また、メタンハイドレートが安定に存在する低温高圧条件を満たすのは、水深約300メートル以深の堆積層中の、海底下数百~千メートルの深さの範囲です（堆積層は海底直下では低温ですが、地中深くなるにつれて地温が高くなります）。この範囲に、数千GtC程度（GtC：ギガトン炭素換算量）という大量のメタンハイドレートが存在すると推定されています。

地球温暖化により海洋深層の温度が上昇することで堆積層中の温度も上昇するので、メタンハイドレートが存在できる範囲は少なくなります。そのためメタンハイドレートの一部がメタンガスに分離し、その一部が泡として海底から放出されると考えられており、シミュレーションによれば深層水の水温が3℃上昇することでメタン約千GtCが海底から放出されると見積もられています。前項でも述べたようにメタンは強い温室効果を持つため、海底から放出されたメタンが大気に放出された場合、非常に強い温暖化が引き起こされると考えられます。

しかし、海底から放出されたメタンの泡の挙動を計算するシミュレーションの結果によれば、海底から放出されたメタンの泡は大気には到達せず、海洋に溶けてしまうと見積もられています。海洋に大量のメタンが溶けた場合、そのメタンは海水中の溶存酸素と反応して酸化されてCO_2になります（その際に、溶存酸素が減少し、海洋中に貧酸素領域が拡がると予想されることにも注意が必要です）。このCO_2は、数百年程度かけて、深層から表層に運ばれ、大気海洋間のやりとりにより、大気へ１５０ＧｔＣ程度（人間活動による近年の排出量の15年分程度）放出されると考えられます。

影響まとめ

・気候変動に関する政府間パネル（ＩＰＣＣ）が２００７年に発表した第４次評価報告書によれば、世界平均気温は今後百年間で1.1〜6.4℃上昇するという幅が示されている。

・気温上昇は北半球高緯度の冬季に大きく、海上よりも陸上で大きい傾向がある。降水量は地球全体を平均すると増加とされるが、地域的には増加と減少がある。

・平均気温の上昇に伴い、極端な高温が出やすく、極端な低温が出にくくなる。

・「大雨」の頻度が、地球上のほぼすべての地域で増加する。逆に極端な乾燥も、平均的な降水量が減少するような地域では、より頻発するようになる。

・熱帯低気圧（台風、ハリケーンを含む）は、地球全体での発生数は減少する一方、強い熱帯低気圧の数が増える可能性がある。

・海水が暖められ熱膨張すること、また陸上の氷が減少し海水の質量が増えることから、海面水位が上昇する。ＩＰＣＣにより示されている幅は百年間で18～59センチメートルだが、氷床の流動が加速することによりさらに上昇する可能性もある。

・破局的な変化が生じる可能性については未解明な部分が多いが、以下が考えられる。

（一）海洋深層大循環（熱塩循環）の停止

海水密度の変化により熱塩循環が停止すると、ヨーロッパが寒冷化する可能性がある。しかし現在までの研究では、熱塩循環が弱まることはあっても、今世紀中に停止する可能性は非常に低いという予測。

（二）南極とグリーンランド氷床の不安定化

氷床は常に流動しており、入ってくる氷の質量に比べて出ていく氷の質量の方が大きくなることで、縮小していく可能性がある。縮小が加速する可能性もあるが、大規模な縮小が起こるには数百年以上の時間がかかると考えられる。

（三）凍土地帯からのメタン放出

凍土が融けやすくなり、土壌中の有機物からの CO_2 やメタンの放出量が増加する可能性がある。しかし現時点で、凍土中のメタンハイドレートからどの程度の放出が起こるかはほとんどが不明。

（四）海底からのメタン放出

海底で安定していたメタンハイドレートの一部がメタンガスとなって放出される可能性がある。しかし、シミュレーションではメタンガスはそのまま大気へ到達せず海洋に溶けてしまうが、溶けた一部は数百年程度かけて CO_2 として大気へ放出されると考えられる。

第二章　陸上の生物への影響

国立環境研究所 地球環境研究センター　物質循環モデリング・解析研究室
主任研究員　伊藤昭彦

はじめに

地球上の生物の種数は数百万から数千万、あるいはそれ以上といわれています。地球上のそれぞれの地域で、多くの種類の生物が、互いに関係し合い、周りの環境とも関係し合って生きています。これを「生態系」とよびます。長い地球の歴史の中で、生物は周りの環境にあわせて進化したり順応したりすることで生き続けてきました。その結果、陸上には豊かな熱帯多雨林から半乾燥地の草原や寒冷なツンドラまで、様々な生態系が成り立っています。このような陸上の生態系は、それぞれの場所に住む人間に様々な恩恵（後出の生態系サービス）をもたらし、人間の生活に欠かせない存在となっています。

生物は、恐竜の生きていた温暖期や、逆に氷河期といった大きな環境変動を経験してきましたが、現在進行している地球温暖化は相当に深刻な影響を生態系に与える可能性があります。その一番の要因は、地球温暖化が進むスピードが、これまでに生じた地球の変動の中で非常に急速であることです。実際に、過去に地球で急激な環境変動が起こったときには、生態系に深刻なダメージ（例えば生物の大量絶滅）が生じています。生物が環境変化に順応する方法には、住みやすい生息地への移動や、新しい環境でより有利な種への進化などがあります。これらはいずれも数百年から数万年の時間をかけて徐々に進むものなので、今世紀の急激な変化には対応しきれない恐れがあるのです。また、生態系において、生物同士が互いに複雑に関係し合っていることもポイントです。そのため、ある一つの種だけが速やかに順応できたとしても、それと関係する他の種たちが順応できなければ生態系のバランスが崩れてしまい、かえって強い影響が生じることも考えられます。

二　陸上の生物はどのように温暖化を「感じる」か

大気 CO_2 増加による地球温暖化は、気候条件（温度、水分、日射など）を変化させ、陸上の環境は現在のものと大きく変わる可能性があります。気候条件の変化の仕方は地域によって違いますし、複数の条件の変化が組み合わさって生物に作用するので、それぞれの地域の生態系は様々な影響を受けるでしょう。ここでは、その複雑な影響を、大気 CO_2 濃度の上昇と温度上昇の二点から、できるだけ解きほぐして見ていくことにしましょう。

●大気 CO_2 濃度が上昇すると陸上生物に何が起こるか

(一) 植物の光合成は増加する

大気中の CO_2 濃度が高くなると、樹木や草などの植物の光合成が増加します。つまり、植物が大気 CO_2 をより多く取り込み、光合成によってより多くの炭水化物を作って成長などに用いるようになります。これは、CO_2 の増加が植物にとって肥料の役目をしていることなので、「CO_2 施肥《せひ》効果」とよばれています（図2-1）。いくつかの実験によれば、大気 CO_2 濃度が現在の値から2倍になることで、植物の光合成速度が約30％増加しました。植物の成長が速くなると、食物連鎖を通して動物の食料が増加しますし、土壌にもたらされる枯れ葉、枯れ枝などの枯死物も増加します。つまり、CO_2 施肥効果は植物だけでなく生態系全体への影響につながります。

一方で動物は、現在心配されている程度の CO_2 濃度までならば、呼吸が苦しくなるなどの直接的な影響はほとんどありません。

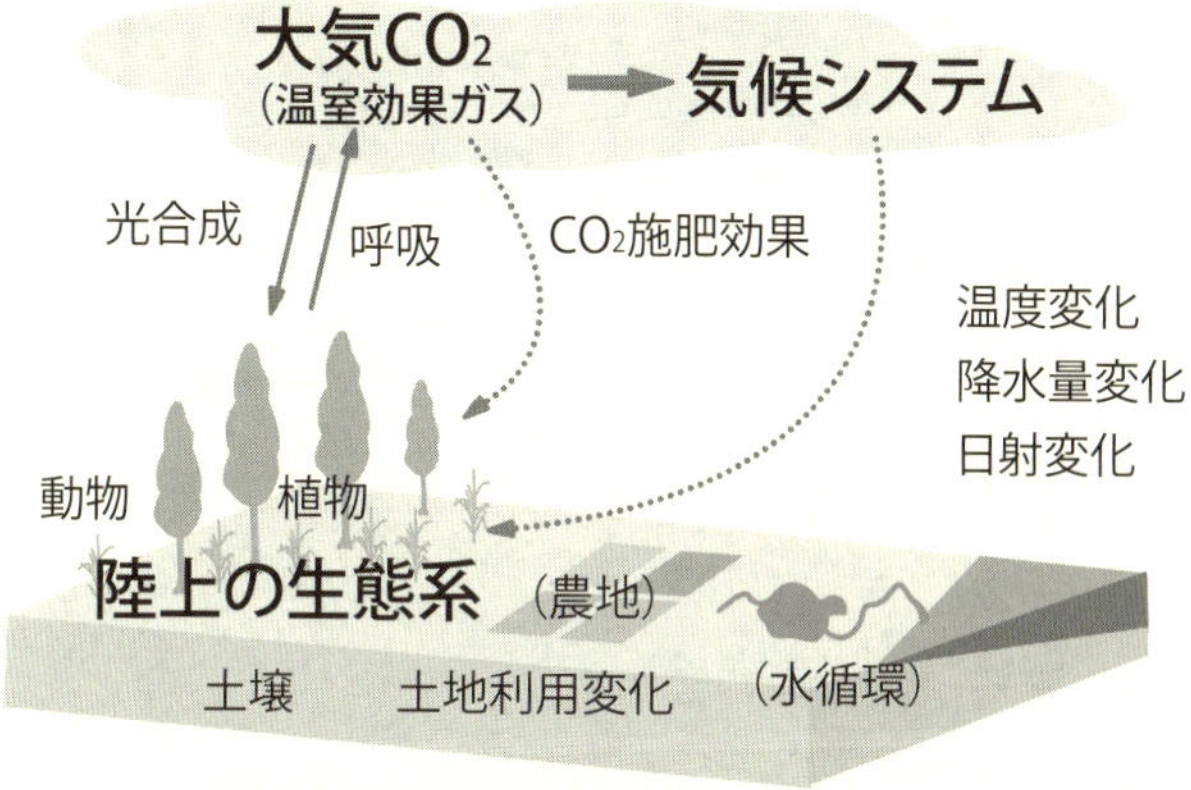

図 2-1　陸上の生物・生態系と地球温暖化との関係

（二）CO_2 応答の複雑さ

この植物の CO_2 増加に対する応答は、実際にはかなり複雑で、大気 CO_2 が世界全体で2倍になったときに、光合成量がどこでも30％増加するような単純なものではありません。第一に、CO_2 応答は植物の種類によって違います。草原などに分布するイネやカヤツリグサなどの単子葉草本の一部が持つ光合成（C_4経路とよばれます）は CO_2 応答性が低く、それ以外の草本や樹木の光合成（C_3経路）は CO_2 応答性が比較的高いという差があります。第二に、植物の成長に必要な物質は CO_2 の炭素だけではありません。長期的には、光合成によって得られる炭素量に対して根から吸収される窒素量が追いつかず、植物が栄養不足状態になって光合成速度が徐々に低下する（順化あるいは下方調節とよばれます）可能性もあると考えられています。第二に、大気CO_2濃度が上昇すると、葉の表面にありガス交換を行う気孔が閉じがちになって植物の蒸散速度が低下しますので、植物では水分をより有効に使えることになります。これは、乾燥地の水分不足のストレスにさらされる植物では大切な要因です。

（三）生態系への影響

施肥効果がはたらくと、大気から陸上へのCO_2吸収が増加し、したがって炭素貯留を増加させることで、温暖化を緩和する負のフィードバック効果として作用します。また、光合成生産が増加することは、植物（これには農作物も含まれます）にとって好影響の一つとなるかもしれません。

しかし、前述のように植物によってCO_2応答性が異なるため、より敏感な植物が増加することで、生態系の多様性や機能的バランスを損なう可能性もあります。実際に、いくつかの草原では、C_4植物のかわりに応答性が高いC_3植物である低木の増加が観察されており、それに伴って水収支や物質循環への影響が生じています（例えば土壌炭素が増えるなど)。一方、高 CO_2 濃度下で育ったため窒素濃度が低くなった葉は、昆虫など草食動物の餌として栄養価が低く、それらの成長に悪影響が及ぶ可能性もあります。

●温度上昇など環境条件が変化すると何が起こるか

(一)すべての生き物は温度を感じる

温度が上がることで、一般には生物の活動は活発化します。しかし、極端な高温・低温は悪影響をもたらし、大規模な死亡を招くことすらあります。日本などの温帯地域やそれより高緯度では、現在の温度は最適範囲より低いことが多く、温度上昇によって光合成が促進される効果が期待できます。一方、熱帯域や乾燥域では温度が上がり過ぎて悪影響(高温障害)としてはたらく可能性もあります。体温を調節できない(つまり変温動物である)ハ虫類・両生類や昆虫はもちろん、ある程度まで体温を調節できる哺乳類や鳥類でも、温度が上がりすぎると熱中症が起こるなどの悪影響が生じます。変温動物や植物の呼吸速度は温度に敏感に反応し、普通は温度が10℃上昇するごとに呼吸速度は約2倍になります。呼吸することは生物に不可欠とはいえ、呼吸量の増加は光合成や食料から得た炭水化物を消費してしまうので良い影響とはいえないでしょう。また植物の場合、植物の種類ごとに光合成に適したある温度範囲を持っており、それより高温あるいは低温になると効率は低下します。

動物の移住や繁殖、植物の開花や落葉など、生物の活動には決まった季節に起こる現象があり、これを「生物季節」（または「フェノロジー」）とよびます。生物季節は、瞬間的な温度条件ではなく、ある程度長い期間で積算された温度条件に左右されます。これは、日々変化する環境の中で成長や繁殖のタイミングを適切に決められるよう、進化の中で生物が身につけた仕組みだと思われます。実際に、世界の多くの地域で渡り鳥の移動や繁殖の季節が早くなってきていることが観察されていますし、日本でも気象庁の観測からサクラの開花が早まりカエデの紅葉が遅くなるなどの傾向があることがわかっています。

（二）温度上昇の生態系への影響

中高緯度の生物では、温暖化によって冬季の厳しさが緩和され、生育可能な期間が延びること自体は好影響といえますが、ここでも温度に対する生物の応答の差が問題となります。例えば、気候変動が進んだ結果、植物の開花とその花粉を媒介する昆虫とで生物季節にずれが生じてしまうと、植物はうまく繁殖できませんし、昆虫は花から餌を獲得できなくなってしまいます。また、これまで低温のために病害虫が繁殖できなかった場所でも、温暖化することで外部からの侵入種が増え、病害虫大発生の被害を受ける危険性もあります。もともと温度が高い熱帯・亜熱帯では、生物は高温に適応して生きているともいえますが、さらなる温度上昇が起こったときに適応しきれなくなるものが現れることは十分に考えられます。

温度上昇が進むと、北極域では夏季に海氷が融ける面積が拡大して、ホッキョクグマなどの生育地が損なわれることが注目されています。同様に、山地で冬季の積雪が減ると、高山の生物には適さない環境になる可能性があります。例えば北海道などの山岳地にすむナキウサギなどが有名です。このような動物への影響は、直感に訴えるところが大きく理解しやすいため、温暖化影響の象徴として扱われることが多いです。しかし、新たな生息地に移動できない植物や、目につきにくい昆虫や微生物には、さらに大きな影響が生じつつあるのかもしれません。

（三）乾燥化・湿潤化の生態系への影響

温暖化による気候条件の変化は、温度だけでなく雨雪の降り方や地表での蒸発、河川流量などにも影響を与えると予想されていますが、それが生態系にさらなる影響を与える場合もあるでしょう。逆に、生態系が変わることで、そこでの水利用に変化（例えば蒸散量の増減）が生じ、それが大気の状態に影響をもたらすフィードバック的な応答もあるでしょう。

降水量が減って干ばつが起こると、短期的には、乾燥によるストレスで植物の光合成は低下しますが、それが長期間続くと生態系全体の衰退につながり、場合によっては森林から草原・砂漠に推移する可能性があります。アマゾンの熱帯多雨林は、現在は生産力が高く生物多様性の宝庫として知られていますが、森林伐採だけでなく温暖化に伴う乾燥化が樹木の大規模な枯死を招き、サバンナへの衰退が生じる可能性も指摘されています。これは後述するように、大きな炭素放出と温暖化を加速する正フィードバックを意味するだけでなく、生物多様性の大規模な損失の危険性という点からも注意が必要です。また、温度上昇とともに乾燥が進むことで火災発生のリスクが高まりますが、大規模な山火事（図2-2）の発生は生態系の機能や多様性だけでなく、

図 2-2 アラスカ・フェアバンクス郊外の亜寒帯林における大規模な火災跡。このような火災は自然のサイクルとして起こるが、温暖化は火災の発生頻度や強さを大きく変化させる可能性がある（筆者撮影）

人命をも損なう災害となります。

降水量が増える場合でも、洪水のような極端な場合は災害をもたらしますし、雨水が河川に流れ出るときに一緒に土壌を運び去ってしまうため、アジアのように降水量の多い地域では、草地や農地の地力が低下して植物の成長に悪影響が生じる可能性もあります。その反面、湿潤さが増すことで山火事が起こりにくくなる地域もあるといったように、降水量の変化は場合によって好影響にも悪影響にもなり得ます。

三　温暖化と生き物の分布・多様性

現在、世界に分布している熱帯林や草原などの多様な生態系は、過去の長い間の気候やその土地の条件にあわせて成立したものです。生物には、活動に適した温度・水分条件の範囲があるため、極端な高温・低温や乾燥が発生すると生きていけないので、それが分布を制限することになります。また、多雪地に分布するブナ林や永久凍土地域に分布するカラマツ林のように、ある一定の気候条件が分布地の成立に必要条件となる場合もあります。

一般的には、人間活動や環境変化による生物種の減少や侵入は好ましいものとみなされていません。その理由の一つが、それがもたらす影響を正確に予見することができないため、在来種で構成される生態系を保全することが妥当な選択だとみなされる（予防原則）からです。これは温暖化による生物の分布の移動にも当てはまる考え方です。

（一）移動する生き物、移動できない生き物

温暖化が起こると、一般には、より高緯度あるいは高地側に新しい生育適地が広がり、低緯度あるいは低地側は生育に適さなくなって、植物や動物の分布範囲が移り変わっていきます。時々ニュースで、今まで見つかったことのない南方の生物が日本で見つかったことが報道されていますが、それは輸送の発達で運ばれる機会が増えただけでなく、環境条件が徐々に南方の生物に生存可能なものになりつつあることを示唆しています。

関東にお住まいの読者は、夏のセミの鳴き声にシャーシャーというクマゼミのものが混じることが多くなったことにお気づきかもしれません。クマゼミは南方系で寒さに弱く、昔は関東で見ることは珍しかったのですが、都市化と温暖化によって次第に生育に適するようになっているのでしょう。北アメリカの例だと、近年、今まで生息していなかったキクイムシやガの幼虫が大発生し、大規模な森林への被害が生じていますが、その一因に温暖化による生育環境の変化が考えられています。このような侵入種は、林業だけでなく、地域の生物多様性にも深刻な脅威になる恐れがあります。

より深刻なのは、移動能力の低い生物が、気候条件の急激な変化に対応しきれず、

生態系の衰退や生物多様性の損失につながることです。気温が1℃上昇することは、南方に約4百キロメートル移動することに相当するため、仮に百年間で3℃の上昇に適応する場合を考えると、毎年12キロメートルの速度で北に生育地を広げる必要があります。しかし、過去のデータから推定すると、種子を風で速やかに散布させるものを除いて、ほとんどの植物はこれほど速やかに分布地を移動できません。例えば森林の場合、移動速度は一般に年間0.1キロメートル程度と考えられています。日本を代表する落葉広葉樹であるブナの場合、21世紀中に生育適地が10分の1程度まで減少するという予測結果もあります。

また、極地や高山の限界付近にすむ生き物は、海辺や山の頂上に追いつめられて、それ以上移動できなくなる事態も考えられます。一方、低地でも海水面が上昇すると、マングローブなどの沿岸にある生態系は水没の危機に見舞われるでしょう。沿岸域は、人間による開発が進んでしまっており、海面が上昇しても内陸側に生態系が移動するスペースがない場合も多いでしょう。結果的に、このような生態系は、海と人間の居住域との板挟みになって衰退することになります。

北極域に住む生物は、温暖化しても生育地を移動させて適応することがほとんどできないため、やはりより深刻な影響を受けるでしょう。加えて、北極域では温度上昇のスピードが全球平均と比べて速く、温暖化の進行を検出する上で注目すべき地域といえます。よく温暖化によって危機に瀕する生物の代表として、ホッキョクグマが取り上げられることがあります（例えば今にも融けそうな氷山の上でたたずむイメージ）。北極圏にも様々な環境的・人為的な要因がはたらいているため、ホッキョクグマの消長をすべて温暖化と結びつけて考えるのは短絡的です。しかし、上記のような気候変動の進み具合という理由に加え、ホッキョクグマが食物連鎖の頂点に立つ肉食獣（生態学的には上位捕食者）である点は重要です。なぜなら、このような肉食獣や猛禽は、植物や草食動物が受けたいろいろな環境影響を集約する立場にあるからです。この意味では、ホッキョクグマに注目するのは正しいといえるでしょう。

（二）地域固有の生物たちは深刻なリスクにさらされる

生物の種のうち多くは、ある地域で長い間生活する間に進化が起こり別の種として分化した「固有種」とよばれるものです。例えばガラパゴス諸島のような孤立した島々で独特の生物が多いことは有名ですし、日本にも多くの固有種がいます。これら固有種は分布範囲が限られており、個体数も少ないため、環境変動の影響を受けやすいと考えられています。山岳地の高山植物には固有種が多いのですが、急激な温暖化によって標高の低い場所の植物が分布を上に広げてくると、競争に負けて絶滅に瀕する種もあるでしょう。ヨーロッパアルプスの高山植物では、今後1~2℃の温度上昇には耐えられるが、3℃を超えると絶滅リスクが高まるとされています。固有種に限らず、いわゆる普通の生態系であっても、人間によって作られた都市や耕作地、道路や鉄道などが障壁となって、移動が妨げられる場合が多くあります。さらには、多くの固有種は、人間による土地利用変化を免れた保護地や国立公園に分布していますが、それは外部とは孤立した生育地になっており、移動はますます困難です。このように、温暖化とその他の人間活動が相まって生育地の喪失や分断化が進み、絶滅リスクが高まることが心配されています。

生育地の面積と生物種数との間には一定の関係があり、生育地が狭まるほど多様性が低下することがわかっています。この関係に基づいて、将来の気候変動や人間活動が生物多様性に与える影響の推定が試みられています。例えば、現在から1.7℃程度の温度上昇により、生物種の15~37%で絶滅リスクが高まることが示唆されています。

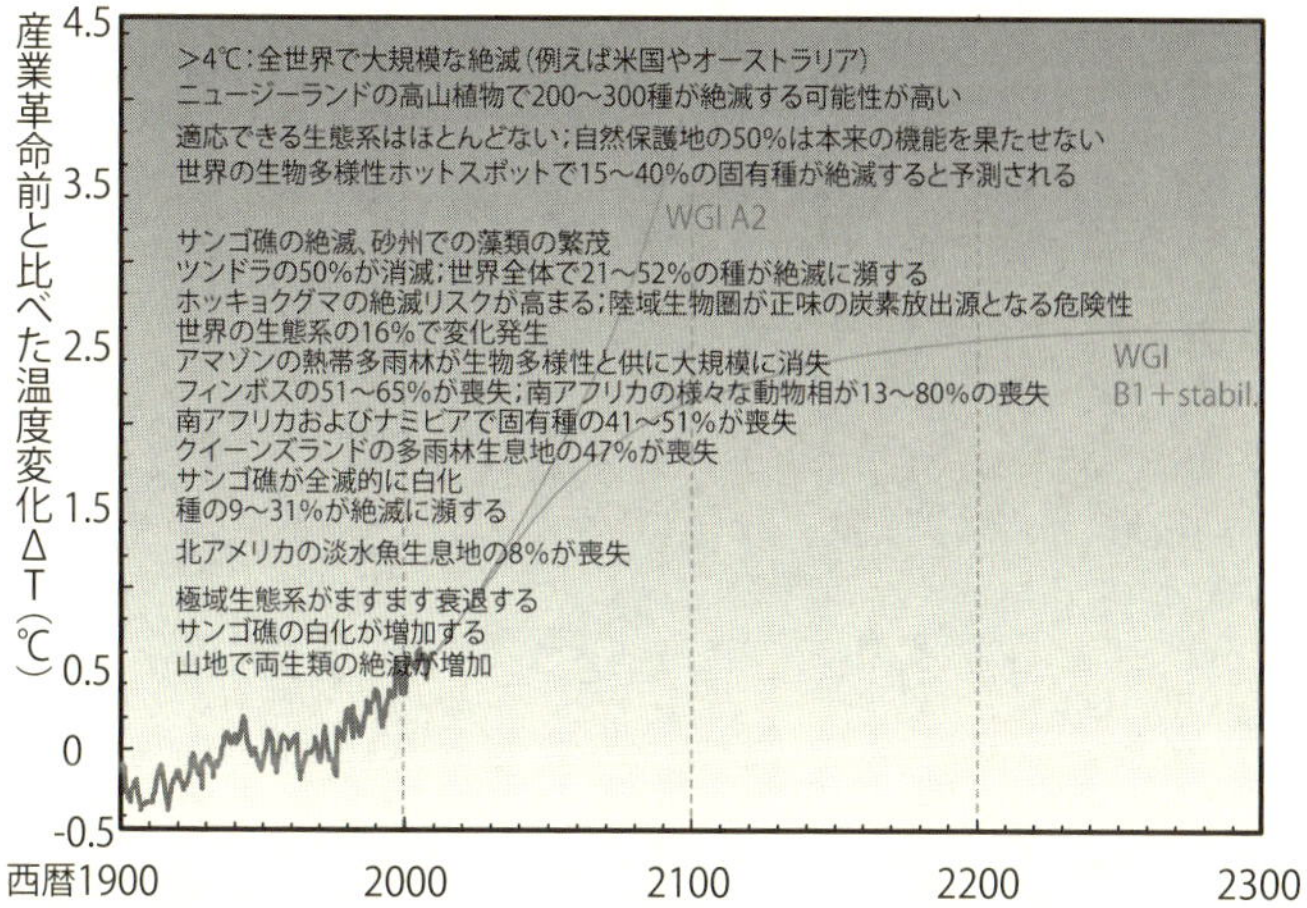
産業革命前と比べた温度変化ΔT（℃）
4.5
3.5
2.5
1.5
0.5
0
-0.5
西暦1900
2000
2100
2200
2300
>4℃：全世界で大規模な絶滅（例えば米国やオーストラリア）
ニュージーランドの高山植物で200〜300種が絶滅する可能性が高い
適応できる生態系はほとんどない；自然保護地の50％は本来の機能を果たせない
世界の生物多様性ホットスポットで15〜40％の固有種が絶滅すると予測される
WGI A2
サンゴ礁の絶滅、砂州での藻類の繁茂
ツンドラの50％が消滅；世界全体で21〜52％の種が絶滅に瀕する
ホッキョクグマの絶滅リスクが高まる；陸域生物圏が正味の炭素放出源となる危険性
世界の生態系の16％で変化発生
アマゾンの熱帯多雨林が生物多様性と供に大規模に消失
フィンボスの51〜65％が喪失；南アフリカの様々な動物相が13〜80％の喪失
南アフリカおよびナミビアで固有種の41〜51％が喪失
クイーンズランドの多雨林生息地の47％が喪失
サンゴ礁が全滅的に白化
種の9〜31％が絶滅に瀕する
北アメリカの淡水魚生息地の8％が喪失
極域生態系がますます衰退する
サンゴ礁の白化が増加する
山地で両生類の絶滅が増加
WGI
B1＋stabil.

図 2-3　将来の温度変化と生態系への影響（IPCC 第 4 次評価報告書より）

ただし、ここで考えているのは哺乳類・鳥類などのいわゆる（脊椎）動物、昆虫、植物の多様性なので、菌類や微生物などへの影響は含まれていません。

また別の研究によると、産業革命前から3.5℃の温度上昇によって、生物多様性が高いホットスポットとよばれる地域で固有種（植物と動物）のうち、世界的に15〜40％が絶滅する恐れがあるともいわれています（**図2-3**）。

（三）過去の気候変動と生物多様性

長い地球の歴史の中では、気候が激変して、生態系に深刻なダメージが生じたことは、実は何度もありました。

特に有名なのは白亜期末（約6550万年前）に巨大隕石の衝突によって気候が急激に寒冷化し、恐竜をはじめとする多数の生物種が絶滅したことです。このときは、地球大気を覆い尽くした粉塵により衝突後数日で気温は10℃以上も低下し、結果的に地球の生物種の約7割が絶滅したと考えられています。この出来事がなければ、今の地球の生態系も現在とは全く異なるものになっていたかもしれません。それに匹敵する、あるいは上回るような大量絶滅は、ペルム紀末（約2億5千万年前、生物種の9割以上が絶滅）など、数億年に一度の割合で発生しています。

それでは、現在進行している温暖化の生態系影響、あるいは生物多様性の減少は、過去の出来事と比較しうるものでしょうか？　確かに世界中の多くの場所で生物種の絶滅が進行しており、様々な保全の努力にもかかわらず（例えば国連のミレニアム開発目標）、その速度を抑えることはできていません。その原因は、気候変動による生息域の減少・分断化だけでなく、森林破壊や環境汚染など様々な複合要因が含まれるので、有効な対策を講じることは容易ではありません。今後、生物多様性をどれだけ残せるかは私たちの努力にかかっていますが、前述のように生物種の15～40％、あるいは約半分が絶滅に瀕するという予測があります。その規模は、地球史上で最大とまではいきませんが、有数の深刻なダメージとなる可能性があります。もう一つ重要なのは、過去の大量絶滅では、その発生後に爆発的な種分化（既存の種から新しい種ができること）が進み、生物多様性が回復したことです。人間活動による環境悪化が続いていけば、数百世代後には温暖化した環境に適応した新しい種が出現する（進化は偶発的に起こるのでその保証はありませんが）可能性はありますが、それでも自然に生物多様性が回復することを楽観視することはできないでしょう。

（四）温暖化対策が生物・生態系を脅かす？

大気CO_2や気候変化だけでなく、温暖化を抑制するための対策を行うことが、結果的に生物や生態系にダメージを与えることもあり得ます。植林・再植林による炭素吸収は、京都議定書にも取り入れられている、温暖化対策として重要なものの一つです。中国などでは、温暖化が問題となる以前から、国土保全などを目的として大規模な植林が行われてきました。植林自体は良いことのように思えますが、成長の早い種（ユーカリやアカシアなど）を画一的に植えた場合は、本来の自然生態系が持つような豊かな生物多様性や生態系サービスを持ち得ないことがままあります。大規模な国・

企業による植林活動が、地域経済との軋轢を生じる問題も解決しなくてはなりません。

現在、ガソリンなどの化石燃料の代わりに、植物バイオマスを加工してバイオ燃料として使用する動きが加速しています。このまま化石燃料を消費し続ければいずれは枯渇してしまいますし、植物バイオマスに含まれる炭素は大気CO_2に由来するので、使用しても差し引きゼロになる「地球にやさしい」燃料といわれています。しかし、原料となる植物バイオマスを育てるためには、広大な面積が必要です。今ある農地でバイオ燃料となる作物を育てるだけでなく、森林を切りはらってバイオ燃料栽培のための画一的な農地にしてしまうと、もともとの森林の機能や多様性には大きなダメージが生じてしまいます。農地から放出される亜酸化窒素（N_2O）は温暖化を加速させる要因の一つですし、地下水や河川に流出する硝酸塩は水質の悪化や富栄養化といった地域の環境悪化を引き起こす場合があります。また、最近では燃費の良いハイブリッド車や電気自動車が「エコな車」として売り上げを伸ばしています。確かに、同じ距離を走ってもCO_2排出量が少ないのは良いことでしょう。しかし、それらの車に使われている希少金属（レアメタル）の値段が高騰し、これまで鉱山開発が行われていなかった奥地でも採掘が行われるようになっています。特に電池に使われるリチウムは、南アメリカのアンデス山中に埋蔵量が多いことから、大規模な採掘が行われて深刻な環境破壊を引き起こしています。さらに、再生可能エネルギーの利用として代表的な水力・風力発電にも、ダム建設による渓流生態系（ときには人家も）の水没、回転する風車の羽に鳥類が衝突するといった生物影響が懸念されています。このように、生物・生態系への影響も幅広く考慮した上で、どんな対策をとるべきかを考えていくことが今後の課題といえるでしょう。

四 生態系が変わると気候が変わる？――炭素をめぐるフィードバック

生態系が変化する場合、その変化した生態系から気候への影響も考えなくてはなりません。その可能性について主に CO_2 の増減を中心に見ていきましょう。

（一）生態系の炭素の循環がなぜ大切か

陸上の生態系にはたくさんの炭素が貯まっており、また、たくさんの炭素を大気とやりとりしています（**図2-1**、59ページ）。世界全体で見ると、陸上の生態系は光合成と呼吸で年間約120ギガトン（ギガトン＝10億トン）のCO_2を交換していますが、これは人間の化石燃料消費（年間約8ギガトン）の15倍にも相当します。また、陸上の植物や土壌に有機物として貯まっている炭素の量は2千ギガトン以上と、上記の化石燃料消費の250年分に達しています。このため、気候変動によって陸上の生態系がやりとりするCO_2の量が変化すると、温暖化の進み方にも明らかな影響があるでしょう。森林などの生態系が正味でCO_2を吸収すれば、その分、大気CO_2の増加が抑えられます（つまり負のフィードバックです）。逆に生態系が正味でCO_2を放出すれば、大気CO_2の増加と温暖化を加速するでしょう（正のフィードバック）。

（二）生態系はCO_2を吸うか、吐くか？

今までの研究によると、大気CO_2濃度の増加による施肥効果や、温度上昇によって中高緯度の植物の生育が良くなったことにより、現在の陸上生態系は正味で若干の吸収（つまり負のフィードバック効果）になっています。その量は、森林破壊によるCO_2放出（約1.5ギガトン）とだいたい同じくらいだと考えられています。当面の間、おそらく21世紀の半ばくらいまでは、この傾向が続くことがいろいろな研究から予想されています。

しかし、大気CO_2濃度がさらに高まるにつれ、光合成を行う酵素が飽和して増加率が鈍ることや、窒素などの栄養塩不足、温度が上昇しすぎて呼吸量の増加が上回る地域が出はじめることで、生態系のCO_2吸収能力は徐々に低下すると考えられます。21世紀の半ば以降（温度が2.5～4℃上昇する時期）には、生態系が正味で放出（正のフィードバック効果）に転じる可能性があります（**図2-3**、71ページ）。特に、温度上昇が顕著に起こり、土壌に大量の炭素を貯留しているツンドラや亜寒帯林は、たくさんの炭素を放出する可能性があるでしょう。また、森林火災が頻発することで、より多くのCO_2が放出される恐れもあります。その一方で、熱帯泥炭地の森林では温度上昇こそ小幅ですが、干ばつが増えると火災が頻発化しますし、人間による森林破壊および土地利用とあいまって、大量のCO_2が放出される危険性があります。ただし、温暖化の進み方によってその時期は大きく前後しそうですし、いつ、どこから、どれだけのCO_2が放出されるかについてはわかっていないことも多いです。

(三) メタンも放出される?

陸上生態系から気候変動にフィードバック効果をもたらすのは CO_2 だけではありません。北アメリカやユーラシア大陸などの北方域の湿原、熱帯の一部に広がる湿原、そしてアジア地域に多い水田は、強い温室効果を持つメタン(CH_4)ガスを大量に放出しています。メタンは微生物のはたらきで生成されますが、やはり温度上昇に敏感に反応し、温暖化に伴って大気への CH_4 放出量は大幅に増える恐れがあります。加えて、極北域の永久凍土が融解することで、凍土の中に貯蔵されていたメタンが放出される恐れもありますが、それがどの程度の規模になるかはほとんどわかっていません。メタンハイドレートは低温・高圧の条件で存在するため、陸域にはシベリアの永久凍土など一部のみに存在すると考えられています(大部分は海底)。永久凍土中のものも、数百メートルといった深部に分布するため、今世紀中の温暖化によってどの程度の融解と放出につながるかは現時点では不明ですが、(石炭・石油に比べて CO_2 放出が少ない)代替エネルギーとして採掘の対象になれば、一部が大気に漏れ出ることはあるでしょう。

五 生態系が変わると何が困るか

陸上の生態系は、私たちに身近な存在である反面、世界全域にまたがる存在でもあるため、その利益や価値を判断するのが難しい部分があります。例えば、自分たちの住んでいる町の里山と、アマゾンの熱帯雨林でどちらが大切かと聞かれても、答えに困るでしょう。同じように、温暖化が生態系に与える影響についても、遠く離れた北極のホッキョクグマの運命を気に病む一方で、日本の生き物たちには無関心という人も多いわけです。このように、生態系の価値は個々人の立場や感覚的な判断による部分も大きいですが、より客観的な価値として、生態系のもたらす便益（時にはそれを経済価値に換算したもの）を考えてみることもできるでしょう。

生態系が持つ様々な機能は、生態系自身の成長と維持だけでなく、人間社会にも大きな便益をもたらしています。これを「生態系サービス」とよびます（**図2-4**、次ページ）。前記の光合成によるCO_2吸収も、生態系による気候調節サービスと捉えることができます。より人間社会に直接利用されているのは、生態系から供給される木材・

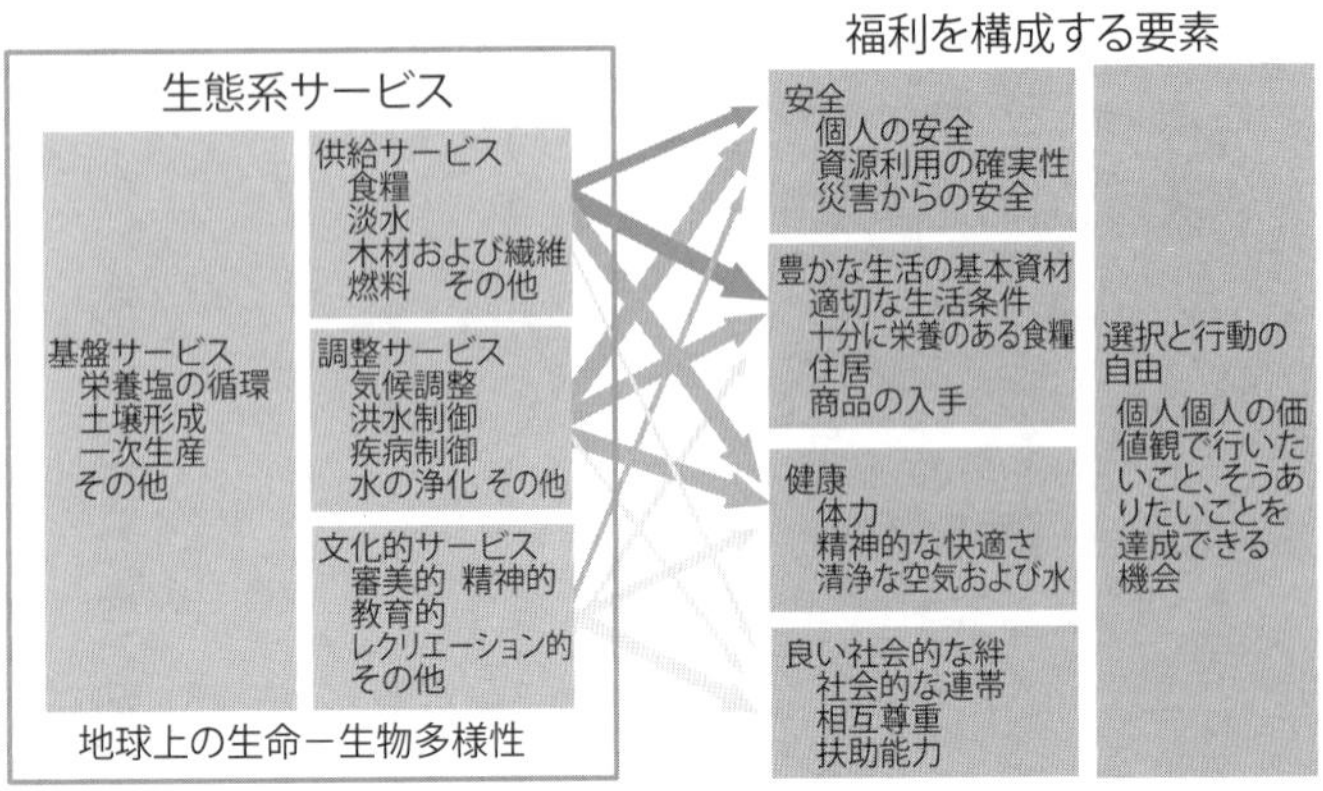

図 2-4 生態系が持つ様々な公益的機能、生態系サービス（ミレニアム生態系評価報告書より）

繊維・食料などの産物ですし、日本のような山地の多い地域では森林の治山・治水および水源涵養機能が不可欠です。都市域でも、公園や緑地の大気浄化機能やレクリエーション機能が利用されており、生態系サービスの整備はインフラストラクチャーの一つといっても過言ではありません。

（一）将来の生態系サービスは？

では、温暖化によって生態系に変化が生じると、私たちへの生態系サービスも変化してしまうでしょうか？　それは、私たちの生活基盤を揺るがすほどのものでしょうか？　例えば、森林からの薪炭材や食料の供給に生活を依存している地域だと、森林が衰退して草原に変化するようなことがあれば、住民の生活が深刻なダメージを受けるのは間違いありません。しかし、現在のところ、地球規模の気候変化よりも、ローカルに起こる人間活動が生態系に与える影響の方が、より目につきやすいでしょう。例えば熱帯では、人間による森林破壊や違法伐採が非常に深刻な要因ですし、温帯では大気・水質の汚染の影響が顕著な地域があります。温暖化は、その背景となる環境要因として、これから徐々に重要性（リスク）が増してくると思われます。例えば、近年、山中で生活する野生のクマが人里に出没する回数が増えています。この直接的な原因は、人工林化と餌不足の発生かもしれませんが、温暖化によって冬眠が妨げられるなどの環境要因が徐々に高まってきたことも背景にありそうです。このあたりの区別は、慎重に調査してもなかなか結論を出すのが難しいところです。

林業の観点で見ると、温度が過度に上昇しない間であれば、CO_2施肥効果や成長促進によって、樹木の成長は促進されて利用可能な木材供給量は増加する可能性が高いと予測されています。前述のように、温暖化が一要因となったと見られる害虫大発生のような悪影響もありますが、特に先進国では、適応技術を利用することで林業への長期的影響は軽度に抑えられると見られています。

一方で、大規模な生物多様性の低下が、遺伝資源の喪失だけでなく、目に見えない生態系サービスの変化にどうつながっていくかを予見することは非常に困難です。一般に、多様性が低い生態系は機能（例えば生産力）も低い傾向があると考えられていますが、それだけでなく環境変動や撹乱に対する順応性や回復力も低下しがちになります。日本では、肉食動物であるオオカミは明治時代に絶滅してしまいましたが、その結果、各地でシカやウサギなどの草食動物が増え、森林や耕作地に被害を与えています。これなどは、多様性の低下がバランスの崩壊を招いた典型的な例といえるでしょう。温暖化による多様性の低下も、潜在的に同じような悪影響をもたらす可能性があります。それには、新たな感染症の拡大も含まれます。例えば、世界各地でカエルなど両生類の個体数がツボカビの感染によって激減していますが、その背景として気候変動がツボカビの生育や病毒性を高めたことが考えられています。

（二）生態系の変化がもたらすリスク

温暖化が生態系に影響を与え、それがさらに私たちの生活にもたらす悪影響として、病害虫の被害の拡大や火災の深刻化があげられます。近年、都会でスズメバチが増えているという話がありますが、それも背景には温暖化によって越冬しやすく活発に活動しやすい環境になっていることがあるのかもしれません。また、CO_2施肥効果などによって植物の成長が良くなると、生態系には可燃物となるバイオマスや土壌有機物がより多く蓄積することになります。それが、偶発的に高温・少雨による乾燥と重なると、大火災が起こるリスクは大幅に高まります。北アメリカやユーラシアでは、亜寒帯林で将来的に火災が頻発化・大規模化することが予想されています。つまり、森林の消失によって生態系サービスが失われるだけでなく、人間の居住地域まで延焼した場合には人家や人命に危険が及ぶ災害の深刻化を意味しています。

これは野生だけでなく飼育されているものも含みますが、世界的にミツバチが減っているという話をご存知の方も多いでしょう。ミツバチによる受粉に頼っている野菜や果物の栽培や養蜂では、これは深刻な問題になっています。その原因は複合的なものでしょうが、潜在要因として温暖化による生育環境の悪化があげられています。

別なプロセスとして、大気CO_2濃度が高まると葉の表面で水蒸気などのガス交換を行う気孔が閉じがちになり、植物からの蒸散量が減って、結果的に降水のうちの河川への流出が増える可能性もあります。これは降水量の変化ほど直接的ではありませんが、河川へ流出し利用可能な水資源を増加させ、逆に場合によっては洪水のリスクを高めるなど、社会に対して様々な影響を与えるでしょう。

六 おわりに――生物多様性とあわせて考える

生態系のあり方を考えることの意義は、温暖化の影響を把握し対策を講じることだけには止まりません。世界の多くの生態系では、森林破壊などの、より直接的な人間活動の影響によって生息域の喪失や分断化が進み、大規模な生物多様性の喪失が発生しています。例えば多様性の宝庫といわれる熱帯林でも、広大な原生林が切り開かれてアブラヤシやゴムなどのプランテーションに転換されています。そのようにして多様性が失われた生態系は、前述の生態系サービスが低下することは明らかですが、気候変動に対する耐性やダメージからの回復力も低下すると考えられています。

そのため現在では、気候変動への対策と生物多様性の保全を、両方とも（場合によってはさらに他の要因も）考慮に入れた管理のあり方が模索されています。このようなニーズに応えるため、世界中の研究者が、様々な地域で事例研究を積み重ね、一般に応用可能なモデルを構築するための研究を進めています。

影響まとめ

- 地球温暖化は、進むスピードがこれまでに生じた地球の変動の中で非常に急速であるため、生物が対応しきれず、生態系に相当深刻な影響を与える可能性がある。
- CO_2 濃度が高くなると、樹木や草などの植物の光合成が増加する。植物の成長が速くなると、食物連鎖を通して動物の食料が増加し、枯れ葉、枯れ枝などの枯死物も増加するなど、生態系全体への影響につながる。
- 植物は長期的には、根から吸収される窒素量が光合成の増加に追いつかず栄養不足になり、成長速度が低下する可能性がある。一方で、気孔が閉じがちになり蒸散速度が低下し、水分をより有効に使え、乾燥地の水分不足のストレスにさらされる植物には好影響となる。

・光合成により大気から陸上への CO_2 吸収が増加するので、温暖化を緩和する効果がある。しかし植物により CO_2 応答性が異なるため、生態系の多様性や機能的バランスを損なう可能性がある。また、草食動物の餌として栄養価が低い葉は、草食動物の成長に悪影響を及ぼす可能性がある。

・熱帯域や乾燥域では温度が上がり過ぎて、動物に熱中症を起こさせる可能性がある。変温動物や植物の呼吸速度は温度に敏感に反応して増加し、光合成や食料から得た炭水化物を消費してしまうので悪影響と考えられる。

・温暖化によって冬季の厳しさが緩和され、生物にとって生育可能な期間が延びる。しかし生物季節にずれが生じることや、外部からの侵入種が増え、病害虫大発生の被害を受ける危険性もある。北極域では夏季に海氷が融ける面積が拡大して、ホッキョクグマなどの生育地が損なわれる。同様に山地で冬季の積雪が減ると、高山の生物には適さない環境になる可能性がある。

・降水量が減ると干ばつが起こり、それが長期間続くと森林から草原・砂漠に推移する可能性がある。降水量が増える場合でも、雨水が河川に流れ出るときに土壌を運び去ってしまうため、草地や農地の地力が低下して、植物の成長に悪影響が生じる可能性もある。反面、湿潤さが増すことで山火事が起こりにくくなる地域もある。

・温暖化が起こると一般には、より高緯度あるいは高地側に新しい生育適地が広がり、低緯度あるいは低地側は生育に適さなくなって、植物や動物の分布範囲が移り変わっていく。移動能力の低い生物や地域固有の生物たちは、気候条件の急激な変化に対応しきれない可能性がある。

・大気 CO_2 濃度の増加による施肥効果や、温度上昇によって中高緯度の植物の生育が良くなったことにより、現在の陸上生態系は、正味で若干の CO_2 吸収になっている。しかし CO_2 濃度がさらに高まると、生態系の CO_2 吸収能力は徐々に低下し、温度上昇による影響が勝って放出に転じる可能性がある。

・強い温室効果を持つメタン（CH_4）は、温度上昇に敏感な微生物によって生成されるため、温暖化に伴って大気への CH_4 放出量は大幅に増える恐れがある。

・生態系サービスの例として林業では、温度が過度に上昇しない間であれば、CO_2施肥効果や成長促進によって、利用可能な木材供給量が増加する可能性は高いとされる。一方で大規模な生物多様性の低下が、遺伝資源の喪失だけでなく、生態系サービスの変化にどうつながっていくかを予見するのは非常に困難である。

・温暖化が生態系に影響を与え、それがさらに私たちの生活にもたらす悪影響としては、活発化する病害虫による被害の拡大や、植物の成長による可燃物の増加と高温・少雨による乾燥が重なることでもたらされる火災の深刻化などがあげられる。

第三章　海の生物への影響

北海道大学　大学院地球環境科学研究院　准教授　藤井賢彦
教授　山中康裕

一 はじめに

地球上で暮らす人々の半数は沿岸部に居住しているといわれており、何らかの形で日常的に海の恩恵を受けています。また、国際連合食糧農業機関（ＦＡＯ）の２００８年報告によれば、水産食資源の主要な供給の場である海は、水産業を中心に、４４００万人の直接雇用を創出し、動物性タンパク質の15%以上を30億人に供給しています。

四方を海に囲まれる島国に住み、動物性タンパク質の4割を魚介類に依存している日本人にとっては、魚介類の重要性はさらに高いといえましょう。一方、世界で最も低緯度に位置する季節海氷域であるオホーツク海と、世界で最もサンゴ礁が高緯度に存在する日本海を併せ持つ日本近海は、世界の海の中でもとりわけ生物種遷移の南北勾配が大きい海域でもあります。また、日本海の水温は過去百年間で最大1.7℃上昇しており、これは世界平均（0.5℃）の3倍超という昇温速度です（**図3-1**）。つまり、日本近海の海洋生態系には、温暖化をはじめとする変動要因による影響が現れやすい

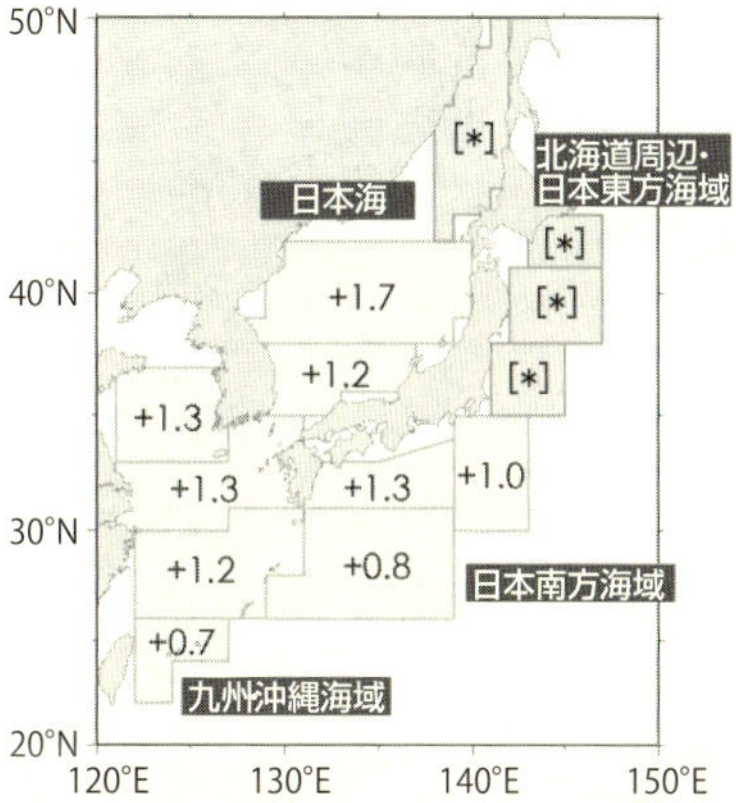

図 3-1 日本近海の海域平均海面水温（年平均）の長期変化傾向（℃ /100 年）（気象庁サイト http://www.data.kishou.go.jp/shindan/a_1/japan_warm/japan_warm.html より）

ことを意味しています。

海の生物に影響を及ぼす要因には、人間がいるいないにかかわらず生じる自然起源の変動と、人間活動によって生じる人為起源の変動があります。前者には、大気—海洋—海洋生態系の数十年周期の急激な変化（レジームシフト）や3、4年周期のエル・ニーニョ現象などが、後者には、温暖化や後で説明する海洋酸性化、漁業、そして、人間活動に伴って生じる物質が陸上から河川や大気を経由して海に流入することに起因する富栄養化などが該当します。また、バラスト水とよばれる、船舶の安定航行に必要な重量調節用の海水が船舶によって輸送され、寄港地で排水されますが、その際にバラスト水中に含まれる生物も一緒に排出されることになります。そこがその生物にとっての本来の生息場所でない場合、人為的な生態系攪乱が生じることになり、近年その影響が懸念されています。

二　海の生物にはどんな変化があるか

温暖化が海の生物へ及ぼす影響はどうなるのでしょうか。生息域や海水中の栄養分の問題、海流や海氷の変化などの点から、良い面と悪い面を順をおって見ていきましょう。

（一）水温上昇による生息域の移動

温暖化が海の生物に及ぼす影響の中で最も直感的なのが、水温上昇に伴う生息域の移動でしょう。これまで、世界中の海で様々な科学的観測や漁業活動に伴うデータの蓄積により、主に温暖化に伴う水温上昇の影響と思われる生息域の移動が認められています。

例えば、日本近海であれば、かつては九州南部が生息北限だった南方系の海藻や造礁サンゴの生息域が近年、九州北部や四国・南紀など高緯度側に拡大（北半球では北上）しています。また、ヨーロッパの北海ではタラなどの主要魚種の漁場がこの四半世紀で2百～4百キロメートルも北上したといわれています。さらに、深層の水温は同期間に1.6℃上昇し、深いところに住む冷水性の魚の生息深度が10年間で平均3.6メートルの速度で深化したという報告もあります。これはまさに、温暖化の進行とともに、冷涼な気候を好む高山性の植物の生息域が標高の高い方に移動しているのと同じことです。以上は、長期間にわたって観測データが存在する北海の結果ですが、世界の他の海でも多かれ少なかれ同様のことが起こっていると想像されます。

このまま温暖化が進めば、21世紀末には、世界の海の生物の生息域が今とは大きく変わっていくことが予想されます。とりわけ、サンゴや海藻のように移動能力を持たない沿岸固着生態系では生息海域の環境が大変重要です。例えば将来の温暖化に伴う水温上昇により、現在は新潟・千葉沿岸にある高緯度サンゴの分布北限が青森・岩手沿岸に至るかもしれません（**口絵2**）。

海面の表層近くで生活する浮き魚は遊泳能力があるので、より好適な環境を求めて移動することができますが、それでも種全体として統計的に見た場合、将来的な水温上昇の影響は顕著で、生息域や生息深度、回遊経路が大きく変わる可能性があります。サンマやマイカ、マイワシなどでは、生息域、産卵域や回遊経路が全般的に高緯度側に移動すると予測されています。また、後述のように餌となる動物プランクトンが少なくなるため、さらに水温上昇によって呼吸や摂餌などに使われるエネルギーも増えるので、個々の個体が小型化すると考えられています。

サケは生まれ育った河川に回帰するという点で、他の多くの浮き魚と異なっています。今のところオホーツク海の水温上昇はシロザケの成長にとって有利に働いているように見受けられますが、温暖化がさらに進行すればサケの生息域は北上し、オホーツク海を含む日本近海が将来、サケにとって好適な環境でなくなってしまう可能性が高いと予測されています。また、現在は北太平洋亜寒帯の広い海域に見られるベニザケの分布は、今世紀半ばにはベーリング海に限定されると予測されています。すでに、岩手県や韓国に回帰する南方のシロザケの生存率が減少傾向にありますが、これに加えて将来的にシロザケがオホーツク海以南への回遊ルートを失えば、我が国のサケマス漁に深刻な影響が出ることが予想されます。

（二）表層栄養塩の減少

温暖化による水温上昇の効果が他の結果を生み出し、それらの結果が相互に絡み合って別の連鎖を生み出している事例もあります。温暖化は海を表面から暖めますが、表層の海水が暖まりその密度が軽くなると、栄養分をたっぷり含んだ深層の海水と混ざりにくくなります。すると、海の表層への栄養分の供給が少なくなり、その栄養分を吸収して成長する植物プランクトンが減り、その植物プランクトンを餌にしている動物プランクトンが減り、その動物プランクトンを餌にしている小型の魚が減り、その小型の魚を餌にしている大型の魚が減り……という感じで温暖化の影響が波及していきます。とりわけ、植物プランクトンによる光合成が光や水温よりも栄養塩によって制限されている低緯度域でこの傾向が顕著です。最近の将来予測モデルの結果は、日本近海では温暖化に伴って植物プランクトンの減少と共に種組成の遷移が起こること、春先の植物プランクトンの大増殖（春季ブルームといいます）の時期が早まること（**図3-2**、次ページ）、さらには植物プランクトンから始まる食物連鎖網の変化

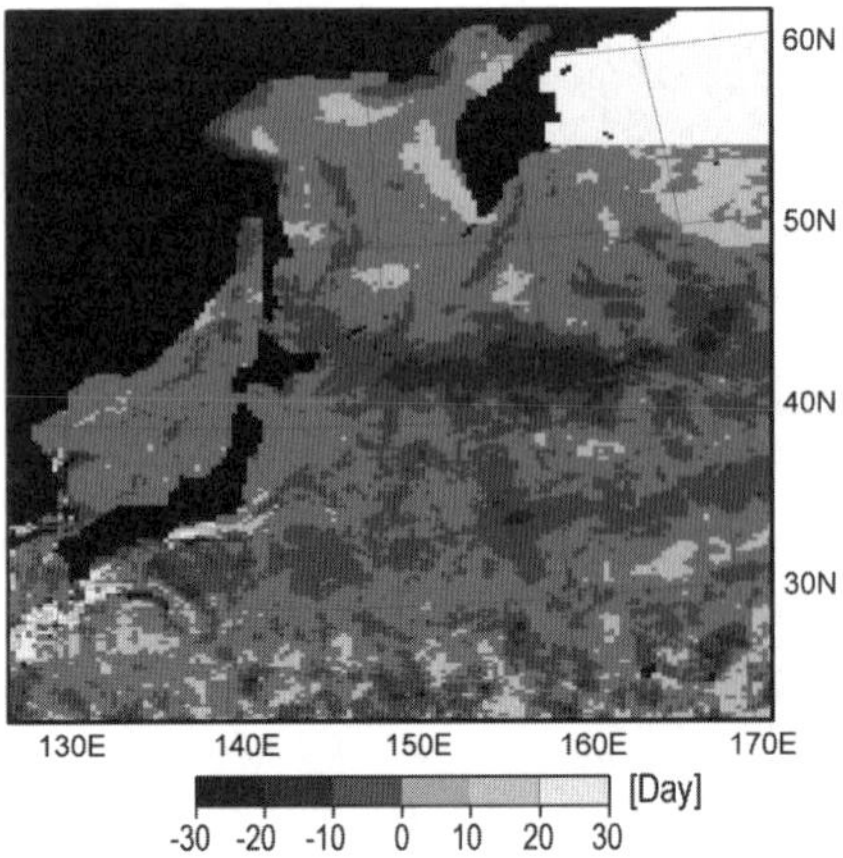

図 3-2 日本近海における植物プランクトンの存在量（クロロフィル濃度で表す）が年間最大となる時期（1月1日から数えた日数）について、温暖化時には現在よりどのくらい前後するかを示したシミュレーション結果。値が負の海域では温暖化と共にその時期が早まり、正の海域では逆に遅くなることを示す（橋岡ら, 2009 より）

に伴って魚の回遊経路が移動する可能性を示唆しています。

現在、グリーンランド付近や南極海では表層の海水が冷却されるため密度が高くなり、その水が深層に沈み込むことで深層水が形成されていますが、温暖化が進行すると深層水形成過程が弱化する可能性があります。それに伴い、深層水の表層への湧昇が減少し、表層の栄養塩濃度が徐々に減少する結果、世界の生物生産量が2割以上も低下すると予測されています。

（三）表層物理環境の変化

水温上昇による生物の影響には、悪影響だけでなく、好影響とみなすことができるものもあります。前述したように、温暖化によって表層の栄養塩濃度は低下する傾向にあります。しかし、中・高緯度海域では一般に冬季の卓越した鉛直混合によって比較的高い栄養塩濃度が維持されているため、成層化によって光や水温といった物理環境が向上するプラスの効果が、栄養塩濃度低下というマイナスの効果を上回り、結果として植物プランクトンによる一次生産が増加する可能性があります。

これらの海域では、水温上昇と一次生産の増加が、より高次の生物量の増加をもたらし、マグロの資源量も増加すると予測されています。また、タラは冷水性の魚ですが、水温上昇と共にその成長速度が速まり、北大西洋全体でマダラの資源量が増加するという推測もあります。

（四）海流の変化

サンゴのような、卵や幼生といった浮遊期を持つ生物の分布域の拡大には海流が大きく関わっており、特に日本の太平洋側では黒潮が重要な影響を及ぼしています。温暖化が進行する今世紀後半には、黒潮の流速が最大で現在の20～30%程度速くなると予測されており、将来的には黒潮上流域から太平洋側の日本近海への浮遊性生物の分散・加入が促進されると予想されます。流れ着いた先の水温や深さといった生息環境が適していればそこに定着し、分布域が現在よりも拡大することも考えられます。一方、例えばサンゴの天敵の一つであるオニヒトデも浮遊期を持ち、同様の振る舞いをすると考えられるため、サンゴのような生物の分散・拡大を考える場合には、捕食者の分布域の拡大もあわせて考える必要があります。

(五) サンゴの白化・死滅

サンゴとは、石灰質の硬い骨格を形成する動物（サンゴ虫）の総称ですが、サンゴ礁を形成する造礁サンゴや群集を構成する高緯度サンゴは体内に褐虫藻を共生させています。これらのサンゴは、褐虫藻に住みかと栄養分を提供し、褐虫藻は光合成によって生成した有機物をサンゴに提供するという共生関係を維持しています。

ところが、高水温、低水温、低塩分、強光、紫外線といったサンゴにとっての環境ストレスによってこの共生関係が崩れると、サンゴは褐虫藻を失います。この現象が

「白化」とよばれるもので、透明なサンゴ組織を通して石灰質の白色の骨格が透けて見えることに由来します。近年の世界的なサンゴの白化の頻発は様々な環境ストレスの複合事象であるものの、高水温をもたらす温暖化も主要な原因の一つと考えられています。将来予測シミュレーションの結果は、南西諸島では温暖化の進行とともに白化の出現範囲・頻度・強度のいずれも拡大し、今世紀後半にはサンゴの絶滅にもつながる深刻な白化の出現が顕著になることを示唆しています（**口絵3**）。

では、サンゴが白化したり死滅したりすると何が困るのでしょうか？　生態系が存在することで人間が享受できる機能のことを生態系サービスとよびますが、例えば文化的サービスの一つである「観光・リクリエーション・エコツーリズム」に関して世界中で提供されているサービスの過半数はサンゴ礁に由来しています。サンゴが消滅すれば、サンゴ礁やその生態系も失われてしまい、その美しさを求めて南の島を訪れる観光客やダイバーは激減するでしょう。また、サンゴ礁には暴風雨や津波の発生時には天然の防波堤として自然災害を緩和する機能もあるといわれていますが、この自然災害の制御機能もサンゴが消滅すれば失われてしまいます。

（六）海氷の減少

近年、温暖化に伴う水温上昇による海氷の減少傾向が報告されており、海の生物に対する影響も指摘されています。海氷の減少は、結氷時に水温や光といった物理環境によって光合成が制限されている植物プランクトン種にとってはプラスに、海氷に生息する海氷藻類（アイスアルジーとよびます）にとってはマイナスに働くものと考えられます。

温暖化による昇温が世界でも最も顕著になると考えられている北極海では、今世紀末までに夏季の海氷がほぼ消滅してしまうと予測されています。北極海の海氷が溶けてホッキョクグマが立ち往生している様子が最近マスコミでもよく紹介されていますが、南極圏の生物に対しても同様のことが起こっています。

アデリーペンギンとヒゲペンギンはいずれも南極半島に生息するペンギンですが、前者が氷縁から離れた海氷上で越冬するのに対して、後者は氷のない外洋で越冬します。近年、アデリーペンギンは生息域が次第に狭まり、個体数が減少しているのに対して、逆にヒゲペンギンは生息域が広がり、個体数が増加しているという報告があり、温暖化による海氷の減少との関係が指摘されています。このように、海氷の減少は、種組成の遷移にも影響します。

　一方、これらのペンギンをはじめ、南極海の哺乳類や海鳥の多くが大型の動物プランクトンであるナンキョクオキアミを主食としていますが、１９７０年代以降ナンキョクオキアミの存在量が減少しており、その原因として冬季の海氷面積の縮退、そしてそれに起因するアイスアルジーの減少があげられています。アデリーペンギンやコウテイペンギン、ユキドリ（シロフルマカモメ）といった、ナンキョクオキアミを餌とする生物の個体数がこの半世紀ですでに大きく減少したという報告があります。また、ナンキョクオキアミの減少によって、繁殖に必要な栄養を蓄積するのに要する時間が長くなったため、これらのペンギンを含む鳥類の産卵開始時期が遅くなったという推測もあります。今後も温暖化による海氷の後退が続けば、ナンキョクオキアミを出発点とする食物連鎖網に含まれる多くの海の生物が壊滅的な打撃を受けることになるでしょう。また、ナンキョクオキアミは重要な漁業対象種でもありますから、当然その影響は人間活動にも及ぶものと思われます。

（七）海洋性哺乳類や海鳥への影響

クジラやイルカ、アザラシ、トド、セイウチなどの海洋性の哺乳類や海鳥は食物連鎖網の上位に位置し、プランクトン、魚、イカなどを餌にしています。これらの生物は温暖化がもたらす餌の分布や存在量、種組成の変化の影響を受けやすいため、温暖化に対して特に脆弱だと考えられており、将来的な影響が懸念されています。

海洋性哺乳類の多くは沿岸、外洋を問わず、水産資源として人間によって捕獲・利用されてきました。つまり、自然変動や温暖化に加えて人為的な影響も顕著なため、その個体数増減の原因究明が特に難しいのも、海洋性哺乳類の特徴といえましょう。北極海はセイウチなどの哺乳類にとって重要な摂餌海域になっており、餌の増減を通じて温暖化の影響を当然受けているはずなのですが、長年にわたって過度の捕獲が行われてきたことが、温暖化による影響の評価を難しくしています。南極では前述のようにナンキョクオキアミが減少したにもかかわらず、カニクイアザラシの個体数が大きく増加しましたが、それはナンキョクオキアミをめぐって競合関係にあったヒゲクジラの資源量が捕鯨の影響で減少したためと考えられています。

（八）病気の発生

水温上昇に伴って、海の生物、とりわけ軟体動物やサンゴの病気が増加していることや、有害物質への感受性が高まる可能性も指摘されています。

軟体動物に関しては、水温上昇に伴い、カキなどの成長阻害や死亡を引き起こす寄生虫の分布域の北上や増殖率の増加、麻痺性貝毒をもたらす植物プランクトンの増殖が将来にわたって懸念されています。

サンゴについては、病原菌によるサンゴの病気の発生が顕著になってきています。これらの病気の発生と水温上昇との関係が指摘されていますが、大気中のCO_2濃度が今のペースで増加し続けていけば、先に述べた白化や後に述べる海洋酸性化など、サンゴにとっての他のストレス要因と相まって、世界中のサンゴは深刻な被害にさらされる機会が増えていってしまうでしょう。

（九）海洋酸性化

「海洋酸性化」とは、水に溶けると弱酸性を示すCO_2が海水に溶け込むことにより、もともと弱アルカリ性の海水の酸性度が少しずつ上がる、つまり水素イオン指数

（pH）が下がる現象です。この現象が進むと、炭酸カルシウムが溶解しやすくなる、あるいは生成しにくくなるために、殻など体の一部がこの物質でできている生き物、例えば先に紹介した造礁サンゴ、宝石として利用価値の高い深海性サンゴ（宝石サンゴ）、サンゴ藻、貝類や翼足類などの軟体動物、エビやカニなどの甲殻類、ウニやヒトデなどの棘皮《きょくひ》動物、円石藻などの植物プランクトン、星砂の源である有孔虫などの動物プランクトンは暮らしにくくなります。

また、pHの低下によって、生物の初期発育段階で様々な支障が生じる可能性があります。実際に、将来の大気中のCO_2濃度の増加を仮定して大量のCO_2を海水に溶け込ませた室内実験では、貝類やサンゴ、ウニ、動物プランクトン、魚類などの生物の発現や成長が阻害されるという結果が得られています。特に、サンゴは海洋酸性化の影響でその形成量が最大3割程度減少すると予測されています。しかし、従来の実験の多くは個体の一世代を対象としており、より長期的な影響を把握するためには、何代もの世代交代を繰り返してようやく獲得される、生物適応による影響緩和の効果も調べていく必要があります。

将来予測の結果は、海洋酸性化が海の生き物に及ぼす影響が海域によって大きく異なることを示唆しています。これは、他の条件が同じ場合、水温が低いほど炭酸カルシウムが溶解しやすく生成しにくくなるという無機化学的な性質によるためで、したがって海洋酸性化の影響は極域や深層など水の冷たい海域で現れやすいと考えられます。

海洋酸性化を防止するためには、大気中の CO_2 濃度を削減する以外に手だてはありません。日射量が減ったり、大気中のエアロゾルが増えたり、フロンなど CO_2 以外の温室効果ガスの大気濃度が減ったりした場合、温暖化が軽減されますが、このいずれも海洋酸性化の軽減には直接結びつきません。

温暖化と同様、海洋酸性化によっても生態系サービスが損なわれる可能性があることは、造礁サンゴの例に照らしてもおわかりいただけると思います。また、海洋酸性化によって影響が及ぶ生物には、貝類、エビ、カニ、ウニといった魚介類も含まれますので、食料供給サービスにも甚大な影響が生じる可能性があります。宝石サンゴがいなくなるということは、この製造・販売に関する産業や文化の衰退を意味します。

さらに、やや特殊な例ですが、オホーツク海に流氷と共にやって来る「流氷の天使」クリオネ（ハダカカメガイ）は主にミジンウキマイマイという浮遊性の巻貝を餌にしていますが、海洋酸性化が進行し、炭酸カルシウムの殻を持つミジンウキマイマイが減ってしまえば、クリオネもいなくなり、クリオネを求めてオホーツク海を訪れる観光客やダイバーもいなくなるかもしれません。

(十) 漁業はどうなるのか

最近は、水産食資源量の予測結果を基に、魚介類の水揚げ高に代表される、温暖化のより具体的な社会的インパクトの試算を行った研究も手掛けられるようになってきました。カナダのブリティッシュコロンビア大学とイギリスのイーストアングリア大学の共同研究グループによると、温暖化による海面水温の上昇が進むケースでは、2050年までに世界で漁獲量が半減、水揚げ高が400億ドル(3兆6600億円)減少、漁民の収入が年120億ドル減少すると試算されました。

ここで問題なのは、温暖化による影響は世界で一様ではないということです。彼らの研究によると、温暖化と共に将来の水揚げ高はノルウェー、グリーンランド、アラスカ、ロシアといった北半球高緯度域では大きく増加するものの、東アジアや太平洋地域、とりわけ経済的な基盤が脆弱な途上国で著しく減少します。つまり、温暖化によって先進国と途上国の経済格差がさらに増長するという結果になりかねないのです。

三　海の生物への間接的な影響

ここまでは温暖化という変動要因が、直接海の生物に影響を及ぼしている例をとりあげてきました。一方で、温暖化がまず人為起源の変動要因に影響を及ぼし、さらにその変動要因による影響が海の生物に波及するという例もあります。ここでは、こうした間接的な影響について見ていきたいと思います。

（一）農業への悪影響を通じた魚介類需要の高まり

近年、日本では魚離れがいわれていますが、世界的には魚介類の需要は拡大の傾向にあります。その背景として、世界的な人口増加と土地利用の限界による食肉生産の停滞、狂牛病（ＢＳＥ）や鳥インフルエンザなどによって増長される食肉不安、中国をはじめとする途上国における急速な魚介類消費の拡大、北米を中心とする世界的な寿司などの健康食ブーム、鶏卵・食肉価格の高騰により動物性タンパク質の供給源としての魚介類の重要性が高まったことなどがあげられます。

そして、これらの人為起源の変動要因の中には、温暖化の影響と考えられるものが存在します。例えば、温暖化の進行により、熱波、干ばつや洪水といった災害の頻度や強度が局所的に高まる可能性が示唆されていますが、熱波は家畜の死亡の直接的な原因となり得るため、食肉生産を減退させます。また、干ばつや洪水は、家畜の飼料となる穀物の生産を阻害します。さらに、温暖化の緩和策として、カーボン・ニュートラルとみなされるバイオ燃料の導入を推進する場合、もしその原材料が家畜飼料と競合すれば、これも家畜飼料、ひいては食肉価格の高騰の原因となり得ます。これらの要因は全て、食肉生産量の減少を助長する方向に働きます。

一方、世界のほとんどの国では魚食の文化や習慣は我が国ほど浸透しておらず、そのため世界的な魚介類需要は今後もあまり広がらないという見通しもあります。今後、どのくらいの間に、どのくらいの魚介類が求められるのかを慎重に判断していく必要がありますが、温暖化の進行と共に、魚介類需要は相対的には高まっていくものと考えられます。

（二）養殖に対する影響

魚介類の養殖適地は魚種によって大きく異なりますが、一般に養殖業は短期間で大きく成長させる必要があるため、それぞれの種にとって生息北限よりも若干暖かい地域で養殖が行われています。温暖化に伴って将来的に水温が上昇すれば当然、養殖適地も変化していくことが考えられます。

トラフグは現在、日本海側では福井県、太平洋側では静岡県以西で養殖が行われていますが、今世紀末には現在の養殖地では養殖不適となり、北陸や東北地方で新たに養殖適地が現れるものと予測されています。その他の種においても概ね同様な養殖適地の遷移が示唆されています。トラフグに関していえば、大半が西日本で消費されている現状を考えると、生産地と消費地がこれまでよりも離れてしまうことになってしまいます。

世界の近況を見ますと、天然魚、特に底魚を「獲る」漁業の生産量は頭打ちの傾向が続いている一方で、養殖魚を「育てる」漁業による生産は増え続けています。したがって、今後魚介類需要が高まれば、養殖生産に対する需要も高まるでしょう。しかし、養殖魚に与える餌は今のところ魚粉が中心であり、カタクチイワシなど魚粉の原料となる魚を供給しているのは結局、「獲る」漁業です。すなわち、十分な魚粉を確保できるだけの「獲る」漁業による生産なしには、養殖生産の増加を支えていくのは難しいのです。

四 海の生物に関する温暖化への適応

温暖化が起こると、海の生物や人間は、その活動を環境変化にあわせて変えていくことが考えられます。ここでは適応の面から影響を考えてみましょう。

（一）海の生物の適応や進化

生物自体が温暖化などの環境変化に適応し、進化していくためには、数十世代という長い期間を必要とします。そのため、生物の温暖化への適応を検出するためには、長期間にわたる継続的な調査が欠かせません。加えて、数多くの環境変化によって生じる適応から、温暖化による適応を抽出するのは大変に難しい作業です。このような背景から、生物の温暖化適応に関する報告例は今のところ、極めて少ないのが現状です。

サンゴが体内に褐虫藻を共生させて生活していることを前に述べましたが、褐虫藻にも高水温に強いものと弱いものがおり、もしサンゴが高水温に強い褐虫藻を取り込むという選択をすれば、温暖化に伴う水温上昇に対するサンゴの耐性が向上する可能性が指摘されています。

生物適応は温暖化が生物に及ぼす悪影響を緩和することが期待されますが、生物が適応できる速度には限界がありますから、温暖化の進行速度が生物適応の速度を上回る場合には、結局温暖化の悪影響を回避できないことになります。

(二) 人間活動（漁業）の適応

人類には、有史以来の長い漁労の歴史がありますが、温暖化の影響が現れる前にも自然変動による漁獲量の増減や漁獲対象種の遷移を経験してきており、その中で与えられた環境に自ずと適応して漁業をはじめとする人間活動を展開してきたものと思われます。しかし、現在のように温暖化や海洋酸性化、その他の人為起源の影響が広範囲かつ複雑に絡み合っており、しかもそれぞれの進行速度が比較的速い中で適切な適応策を講じていくためには、的確な現状把握と将来予測、そしてコミュニティにおけ

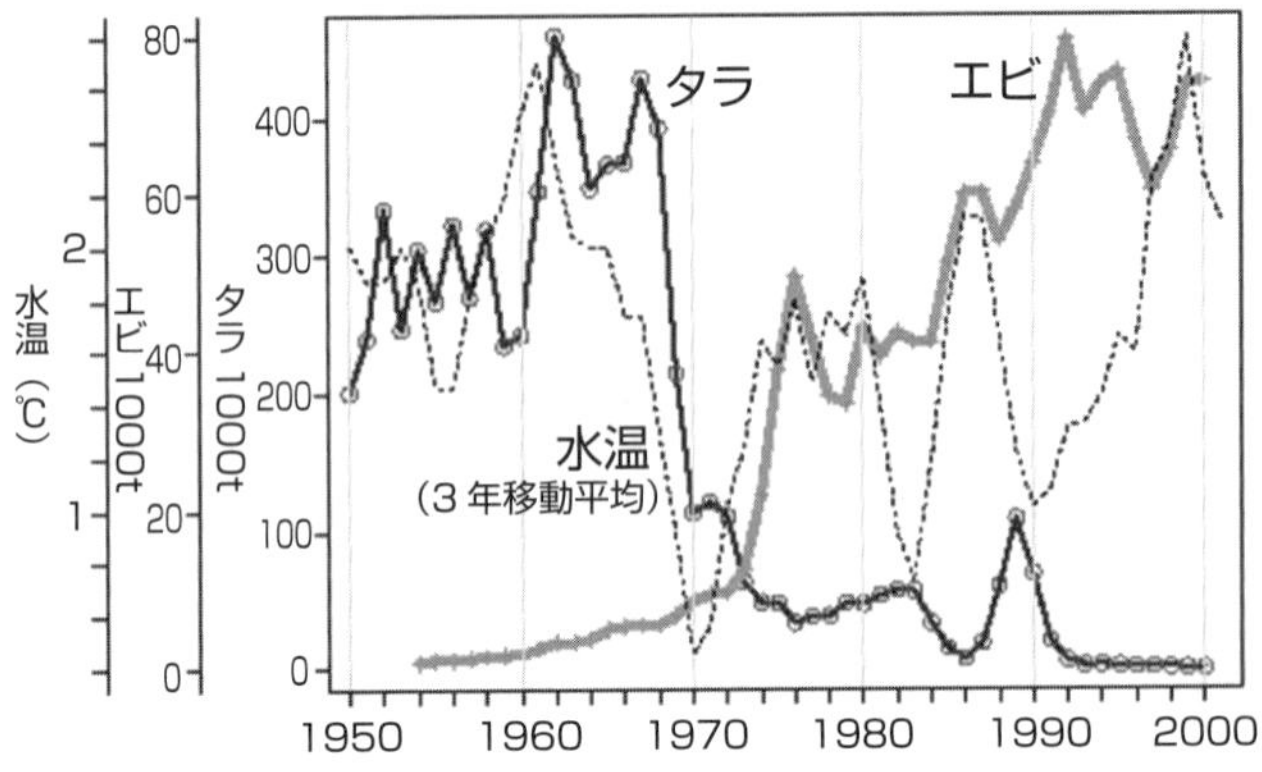

図 3-3　グリーンランド西海岸における、20 世紀後半のタラとエビの漁獲量の推移（Hamilton et al., 2003 より）

る合意形成が求められます。

適応策の具体的な事例として、グリーンランドにおける漁業の例を考えてみましょう。グリーンランド西海岸のA村とB村はいずれも、かつてはタラ漁が盛んな漁村でした。しかし、1960年代の後半から、タラの漁獲量が大幅に減少し、代わりにエビの漁獲量が急増しました（**図3-3**）。この事実に対してA村ではいち早く、タラ漁からエビ漁に切り替え、水産加工業などの関連産業もタラ加工からエビ加工に置き換えていきました。一方、B村ではタラの漁獲量が急減した後もタラ漁に拘り続けました。その結果、A村は地域におけるエビ漁の中心地としての地位を獲得し、A村だけでなく、同様にエビの漁獲量が増えた近隣の村の水揚げもエビの取り扱いに適したA村に集中したため、経済的に繁栄しました。一方、この海域の全体的なタラ漁獲量の急減と共に、漁業基地としてのB村の地盤沈下は決定的なものとなり、経済的に衰退してしまいました。1960年代のタラ漁獲量の急減は、温暖化の影響というよりは、タラの過度の漁獲による資源量の枯渇によるものと考えられますが、原因が温暖化であれ、他の要因であれ、漁獲量の低下という事実をいち早く察知し、それに対して適切かつ早急な適応策を講じることが地域経済に対しても重要であることを示す一例です。

五　温暖化緩和策による海の生物への影響

海洋は森林と並ぶ人為起源 CO_2 の吸収源です。この海洋の CO_2 吸収能を人為的にさらに高めることで温暖化を緩和しようと、これまでにいくつかの取り組みが行われてきました。

赤道東太平洋や北太平洋、南極海では表層の鉄濃度が不足していることで植物プランクトンによる光合成が抑制されていることに着目し、これらの海域の表層に溶存鉄を人為的に付加することで植物プランクトンの光合成とそれに伴う大気中のCO_2の吸収を促進することを狙ったのが、鉄濃度調節実験です。1990年代以降、上記海域の様々な場所で展開されています。これらの実験では、いずれの海域でも溶存鉄の散布後数日で特定の大型植物プランクトンが大発生し、表層CO_2濃度の顕著な低下が認められました。しかし、植物プランクトンの光合成によって生成された有機物のほとんどは海洋中深層に沈む前に分解してしまい、分解の際に放出されるCO_2が表層に戻ってしまうため、温暖化緩和策としては当初期待されたほどの効果はないことがわかりました。もともと、これらの海域には少ないながらも沿岸や深層から、あるいは大気からのダストを介して鉄が流入しており、現在では鉄の加入が海の生物に及ぼす影響評価に関する実験が引き続き行われています。

海を対象とする温暖化緩和策として、人間活動によって放出されたCO_2を回収して海洋に貯留するCO_2の海洋隔離や海底下地層貯留が提案されています（現時点の国際法では、海底下地層貯留は認められていますが、CO_2海洋隔離は認められていません）。人類の放出したCO_2の相当部分が海洋に吸収されますが、このプロセスを人工的に促進させるというのがCO_2海洋隔離の基本的なアイディアです。IPCCによると、世界中の海洋に貯留可能なCO_2は数兆トンと見積もられています。これは、現在の人間活動に伴う排出量の数百年分に相当する莫大な量です。一方、実用化に向けては、隔離されたCO_2が海洋中深層に生息する生物に及ぼす影響を最小限にする必要があり、生物実験による影響評価が行われています。最近では、生物実験で得られた結果と、海洋の流れを精緻に表現できる数値モデルを用いたシミュレーションとの比較によって、日本の年間排出量の4%に相当する5千万トンのCO_2を日本近海に継続的に注入しても生物に対する慢性的な影響は回避できるという結果も示唆されています。

海藻類の嫌気性発酵によるメタンの抽出やクロレラなどの微生物からのアルコール抽出も、絶対的な量は今のところまだ少ないのですが、これらの海洋バイオエネルギーの利用により化石燃料の使用を大きく削減できるのであれば、温暖化緩和策としてもさらに脚光を浴びることでしょう。

いずれの温暖化緩和策においても、究極の目的は大気CO_2の削減に他ならないことは確かですが、実施に際しては、温暖化以外の観点、とりわけ生態系や生物多様性の保全には特段の注意を払う必要があります。海で温暖化緩和策を実用化するにあたって、技術的課題や経済的課題と並ぶ、あるいはそれ以上に大きな課題といえましょう。

六 おわりに――さらなる予測精度向上に向けて

本章では、温暖化が海の生物に及ぼす影響に関する現状評価や将来予測、そして適応・緩和策について紹介しました。これまでの研究の積み上げにより数々の知見が得られてきました。加えて、計算機能力の飛躍的な向上もあって、温暖化に伴う海の物理・化学・生物の変動を統合的に数値モデルに組み込むことにより、もっともらしい将来予測結果を得られるようになってきました。

反面、特に食物連鎖網の高次に位置する魚類や海鳥、海洋性哺乳類では、北大西洋におけるタイセイヨウダラのような、明らかに乱獲という人為的要因が個体数減少の原因となっている一部の例を除けば、個体数の変化が温暖化によるものなのか、それ以外の要因によるものなのかの同定が難しいことが多いのです。また、これらの生物では、個体の一世代の寿命も比較的長いため、何代もの世代交代を繰り返して獲得される生物適応の効果に関する知見も不十分です。今後、温暖化がこれらの生物に及ぼす影響の予測精度を向上させていくためには、より長期的な観測や実験に基づく科学的知見の積み上げが必要です。

影響まとめ

・海の生物は水温上昇に伴い、生息域を移動する。世界中の海における観測データにより、温暖化に伴う水温上昇の影響と思われる、生息域の移動が認められている。

・オホーツク海の水温上昇は、今のところシロザケの成長にとって有利に働いているようである。しかし温暖化がさらに進行すれば、サケの生息域は北上し、オホーツク海を含む日本近海が将来、サケにとって好適な環境でなくなる可能性が高い。したがって我が国のサケマス漁に深刻な影響が出ることが予想される。

・温暖化により表層の海水が暖まりその密度が軽くなると、栄養分をたっぷり含んだ深層の海水と混ざりにくくなる。表層の栄養塩濃度が徐々に減少する結果、世界の生物生産量が2割以上も低下すると予測されている。

・餌となる動物プランクトンが少なくなる上、水温上昇によって呼吸や摂餌などに使われるエネルギーも増えるので、個々の個体が小型化すると考えられる。また、春先の植物プランクトンの大増殖の時期が早まることや、植物プランクトンから始まる食物連鎖網の変化に伴い、魚の回遊経路が移動する可能性がある。

・中・高緯度海域では比較的高い栄養塩濃度が維持されるため、水温上昇と植物プランクトンによる一次生産の増加が高次の生物量の増加をもたらし、マグロの資源量も増加すると予測されている。また、タラは水温上昇と共に成長速度が速まり、北大西洋全体でマダラの資源量が増加するという推測もある。

・温暖化が進行する今世紀後半には、黒潮の流速が最大で現在よりも20～30％程度速くなると予測されている。将来的には、黒潮上流域から太平洋側の日本近海への浮遊性生物の分散・加入が促進されると予想されるが、その際、捕食者の分布域の拡大もあわせて考える必要がある。

・高水温はサンゴの白化の原因と一つと考えられている。今世紀後半には、絶滅にもつながる深刻な白化が顕著になる可能性がある。その場合、サンゴ礁の美しさを求めて訪れる観光客は激減する。また、天然の防波堤としての機能も失われてしまう。

・水温上昇による海氷の減少は、植物プランクトン種にとってはプラスに、海氷に生息する海氷藻類にとってはマイナスに働くため、種組成の遷移に影響する。

・クジラやイルカ、アザラシ、トド、セイウチなどの海洋性の哺乳類や海鳥は、食物連鎖網の上位に位置し、温暖化がもたらす餌の分布や存在量、種組成の変化の影響を受けやすいため、温暖化に対して特に脆弱だと考えられ、将来的な影響が懸念される。

・水温上昇に伴い、軟体動物やサンゴの病気が増加していること、また、海の生物の有害物質への感受性が高まる可能性も指摘されている。

・CO_2が海水に溶け込んで海水の酸性度が少しずつ上がる「海洋酸性化」が進むと、炭酸カルシウムが溶解しやすくなる、あるいは生成しにくくなるために、体の一部が炭酸カルシウムの殻などでできている生き物は暮らしにくくなると考えられる。

・水温上昇が進むと、2050年までに世界で漁獲量が半減、水揚げ高が400億ドル(3兆6600億円)減少、漁民の収入が年120億ドル減少するとの試算がある。この影響は世界で一様ではなく、とりわけ経済的な基盤が脆弱な途上国で著しく減少し、先進国と途上国の経済格差がさらに増長するという結果になりかねないものである。

・その他間接的な影響として、温暖化の農業への悪影響を通じた相対的な魚介類需要の高まりや、養殖業では養殖適地の変化などが考えられる。

第四章　水への影響

東京大学 生産技術研究所 教授　沖 大幹

一 はじめに

水は天下のまわりものです。使ったらその分なくなってしまう化石燃料とは違い、太古の昔から地球表層を循環しています。約40億年も前から水は地球上に存在し、太陽からのエネルギーを動力源として蒸発（あるいは植物から蒸散）し、大気中を流され、雨や雪となって地表面に降り注ぎ、大陸から海洋へは河川流出、あるいはゆっくりとした地下水の動きとして戻っていく、といった水循環を続けています。

●水資源をめぐる様々な問題

しかし、お金と同じように水は地球上で偏在しています。例え絶え間なく循環している無限の資源でも、多くの人が一度に大量に使おうとすると足りなくなります。時間的な変動が激しい水資源を、安定して利用できるようにするには膨大な労力と技術とコストが必要であるため、そうした社会基盤が未整備な地域では容易に水を得ることができません。現在、約8億人の人々が安全な水にアクセスができず、そのうち約

3分の2が東アジアや太平洋諸国、南アジアにいます。自宅から1キロメートル以内、往復30分以内の水汲みで安全な水を1人1日あたり20リットル確保可能であること、というのが安全な水へのアクセスがあることの目安ですから、8億人もの人々が毎回30分以上かけて遠くまで水汲み労働をしているか、安全とは限らない身近な水を利用せざるを得ない状況にあるのです。結果として、不衛生な水しか利用できないために、毎年180万人もの乳幼児が命を落としています。

一方で、激しい豪雨は洪水をもたらし、時として甚大な水害を引き起こします。洪水は人命や財産を奪うのみならず、農耕地を荒らすので、干ばつのみならず、洪水でも食料生産が減少します。また、洪水時に流れる水は安定して利用することができないので、水資源の年間総量が変化しないのに洪水時に流れる水が増えると、その分、実質的に利用可能な水資源は減ることになります。

さらに、途上国を中心とした国や地域における人口増加や、増加した人口の都市への集中によって、今後ますます水需給がひっ迫したり、都市洪水のリスクが増大したりする恐れのある地域が、アジアの人口1千万人以上の都市（メガシティとよびます）をはじめとして世界中に広がっています。人間が過剰に取水すれば、水を必要とする水辺や川の中のあらゆる生態系の健全な機能に問題が生じる可能性もあります。

日本に住んでいると、普段は水問題を意識することは少ないかもしれませんが、このように、現状でも世界では水をめぐって様々な問題が生じており、今後の経済発展、社会発展によって水をめぐる問題が深刻化すると懸念される地域もたくさんあります。2ヶ国以上を流れる国際河川では、上下流、左右岸の国々で、水資源の奪い合い、洪水の押し付け合いなど、河川管理をめぐって軋轢が生じている場合が多々あります。宣戦布告を伴う正式な戦争が水を理由として行われた例はこれまでのところ、実際にはないとされていますが、20世紀は石油をめぐる紛争の世紀であったけれども、21世紀は水をめぐる紛争の世紀になる、といわれることすらあるくらいです。

●気候変動は水問題を悪化させる

これに対し、気候変動は、水を通じて人間社会に影響を及ぼします。豪雨や干ばつ、高潮など、水循環の極端現象のみならず、熱波も乾燥と表裏一体ですし、健康や農業、生態系など、気候変動による影響のほとんどすべてに水が関わっているといっても過言ではありません。アル・ゴアの映画『不都合な真実』でも述べられていますが、世界各国、地域はそれぞれの気候に合わせた水利用や気象・水に関わる自然災害への備えの仕組みを築いています。気候変動によって気温や降雨量の平均値が変化したり、洪水や渇水等の極端現象の頻度が変化したりすると、それまでの水管理のやり方、自然災害防御のやり方を変えなければならなくなります。それが問題を引き起こすのです。特に、気候の変化に合わせて適応できる人的・経済的な能力や資源、余裕がある先進国はいいとしても、その余裕がない発展途上国では深刻な悪影響が懸念されます。

つまり、現在でも世界のいたるところに重大な水問題があり、社会変化によって少なくとも短期的には深刻化すると見込まれている上に、気候変動はそれを悪化させるのです。以下では、気候変動が水分野にどのような影響を与え、どういう点で我々人類が困難に直面すると想定されるかについて紹介しましょう。

二　気温上昇が水管理に及ぼす影響

気候変動に関する政府間パネル（ＩＰＣＣ）の第2作業部会では、気候変動の影響評価と社会の脆弱性、そして適応策を取り扱っています。２００７年に発表された第

4次評価報告書（AR4）の第3章「淡水資源とそのマネジメント」に筆者も主要執筆者の一人として参加しましたが、様々な文献を参照した上で、確からしい情報として何を世界に伝えることができるだろうかということを、この3章に関わる10人足らずのメンバーで話し合いました。その結果、「気温上昇が水管理に及ぼす影響」、「海面上昇が水管理に及ぼす影響」「水循環変化が水管理に及ぼす影響」の3つについては、将来影響が生じる確信度が高く、重要な項目として取り上げるべきなのではないか、ということになりました。

●気温上昇は雪や氷に影響を及ぼす

地球温暖化ともよばれるように、人為起源の気候変動の影響により、ほぼ全世界の大陸で気温の上昇が想定されています。気温が上昇して一番影響を受けるのは雪や氷、しかも、南極の中心や高い山の上のようにマイナス何十℃の地域では数度の温度上昇はあまり急激な影響を受けず、むしろ、季節によって、あるいは一日の時間帯によって氷が融けたり凍ったりする0℃付近の気温になる地域で顕著な影響が現れます。

具体的には、以前は雪として降っていた冬の降水が雨として降るようになったり、雪として降ってもすぐに融けてしまったりして、冬の間の川の流量は増える分、春先に雪として貯まっている水の量が少なくなり、融雪洪水のピーク流量や融雪時に流れてくる水の総量は減ります。もちろん季節的にも融雪洪水の時期が早まります。雨や雪として降る総量が変わらなければ流れてくる水資源の年間の総量も変わらないかもしれません。しかし例えば日本の場合、春先の融雪時の流量を使って、代掻《しろか》きとよばれる田んぼにイネを植える準備をします。この代掻きの際に水田耕作は一番水が必要なのです。気候変動によって冬の流量が増えても水田耕作には利用されませんし、代掻きの際の水が足りなくなるようだと、冬の間の流量を貯めておく貯水池が必要になるかもしれません。融雪洪水の時期の早まりに合わせて代掻きの時期も前倒しにできるとよいのでしょうが、すでに上昇の兆しを見せている高温化傾向に合わせて、九州などでは作付け時期をむしろ遅らせてイネの開花時の高温障害を避けるような方向にあります。日本ばかりではなく、北アメリカでも、積雪量が減少し、冬の洪水は増加し、夏季の河川流量は減少すると推計されています。こうした河川流況の変化に対応して今の水利用形態を変え、新しい気候でもそれまでと同じように農業生産をしたり、水を使ったりできるようにする社会的なコストがどの程度で、社会がそれを負担できるかどうか、が問題なのです。

また、氷河のような雪氷に覆われた領域では、気温が高い日には表面の雪や氷が融けて流れ出します。地面にとってみれば、あたかも小雨が毎日昼間になると降るようなものです。結果として、上流に雪氷域があるような河川では特に夏の間、雨が降らない日でも流量が安定して豊富で、水資源的には非常に利用しやすい状況が維持されます。いわば、雪や氷は天然の貯水池「白いダム」なのです。ところが、気候変動によって気温が上昇すると、平衡線とよばれる、雪が降って氷河の厚みが増す涵養域と融けて氷河がやせ細る消耗域の境が斜面に沿って標高の高い方へと上昇し、氷河の面積は狭くなります。氷河の様に流動していない万年雪や、夏には融けてなくなってしまう積雪域に関しても同じです。雪氷域が何年もかかって徐々に減少している期間は、あたかも貯金を使い込んでいるようなものですから、降る雨や雪の量に比べて川に流れてくる水の量が一時的に増えます。しかし、雪氷域の面積が狭くなると、「白いダム貯水池」が減少するわけなので、洪水時ではない平常時の流量が低下し、水資源的に安定して利用可能な水の量が減ることになります。そうした影響を受けそうな流域に、世界人口の約6分の1が現在依存しているのです。アジアではヒマラヤの氷河融解により今後20〜30年にわたって洪水、水資源への影響が生じると考えられます。

さらに、気温の上昇は水温の上昇を引き起こします。すると、水圏生態系、特に水の中に住む魚類などへの影響が懸念されます。また、水温上昇に伴ってアンモニアは分解が促進されて含有量は減りますが、有機物の分解もされやすくなり、全体としては水質の悪化が進むと考えられています。加えて、気温の上昇に伴って湖の表層の水温が高く、湖底に近い深層の水温が低い、という安定成層が強化され、多少強い風が吹いても湖の水が上下に混合せず、深層に酸素が十分行き渡らなくなって水質が悪化することも心配されています。

三 海面上昇が水管理に及ぼす影響

海水面は20世紀後半に10センチメートル程度上昇したとされています。物理的に特定されている原因の半分近くは海洋表面の水温上昇に伴う熱膨張、残りが氷河などの融解水が海に流れ込んだ影響です（第一章参照）。これらは地球全体の気温の上昇に伴って生じる帰結として、極めて蓋然性が高いと考えられます。では、海面上昇は水管理にどのような影響を及ぼすのでしょうか。

まず、海水面が上昇すると、河口域で、海水が川の上流へとさかのぼってしまうことが考えられます。現状でも、川の流量、勾配、潮汐の影響によってそのさかのぼり方は様々ですが、海水面が上昇することによって、そのつり合いが現状とは変わってしまうことが問題なのです。例えば、現状の、海水と真水の間の塩分濃度の領域（汽水域といいます）が移動することになります。貝や魚は速やかに新しい環境に合わせて移動するかもしれませんが、それらを捕獲して生計を立てていた漁師は、別の区域の漁業権を手に入れなければならなくなるかもしれません。現在は真水が取水できる河口付近の灌漑用水取水口にも塩水が混じるようになり、別途上流から取水するか、河口堰を作る必要が出てくるかもしれません。

また、表面だけではなく、地下でもそうした真水と海水のバランスが変化します。様々な大きさの島が並ぶ島嶼部では、地表面から浸透する真水と海から島の下に潜り込もうとする海水との圧力がバランスするように真水の地下水帯水層が形成されています。理論的に計算されるその横断面の形からその帯水層は淡水レンズとよばれます。ところが、海水面が上昇すると、その淡水レンズが薄くなるのです。すると、それまでは真水を汲み上げることができていた深井戸に塩分が混じるようになる可能性があります。小島嶼では、高い山や大きな川がなかったりサンゴ礁でできていたりして、そもそも水資源の確保が難しいことが多いのです。海水面上昇によって土地が奪われるばかりではなく、水資源の面でも負の影響がある、ということです。しかし、地下水への海水の侵入圧のこうした増大は、何も島嶼に限った話ではなく、海岸線沿いではどこにでもあてはまります。海岸線沿いに立地していることの多いアジアのメガシティで、水源を地下水に頼っているような地域では要注意だ、ということです。

●人間活動が直接に海水面へ影響する

なお、海水面の上昇には水に関わる人間活動の影響も大きいことが、ごく最近明らかになりました。それは、化石地下水とよばれるような、それまで地中奥深くに貯留され、地球表面の水循環とは切り離されていた水を汲み上げて灌漑などに使った結果、地球表面の水の総量が増え、結果として海水面を押し上げている、というものです。最新の推計によると、21世紀初頭には、年間約3百立方キロメートル、海水面を年間約1ミリメートル押し上げるくらいの水量を人類は汲み上げて放出しています。

逆に海水面を押し下げている人間活動もあります。大規模なダム貯水池です。20世紀の半ばから特にその総貯水容量は増大し、21世紀初頭には約8千立方キロメートルもの水を貯めることができるようになっています。貯水池に水が溜まると、その分、結局は海の水が少なくなっているはずです。実際には作られた貯水池が常に満杯になっているわけではないことや、貯水池の水位に応じて周辺の地下水位も上昇することを考慮して算定してみると、20世紀後半には貯水池を作ることによって海水面を年間0.4ミリメートルくらい押し下げる効果を人類はもたらしたと推計されます。その他、積雪や土壌水分や川の水などの変化も考慮すると、陸に貯留されている水量の変化によって、正味年間0.5〜0.7ミリメートル程度海水面が上昇した計算になりますが、実はこの値は、IPCCのAR4で観測された海水面上昇とその理由づけで不明とされていた相違分をちょうど説明できる値です（**図4-1**）。

今後は人権意識の向上、環境問題への配慮、財政的な制約などから新たな大規模ダムはあまり作られない可能性が高いと思われます。それに対して、化石水の灌漑などへの利用は可能な限り継続するでしょうから、これによる年間1ミリメートル程度の海水面上昇は継続する可能性が高いと考えられます。もしこうした傾向が続くとする

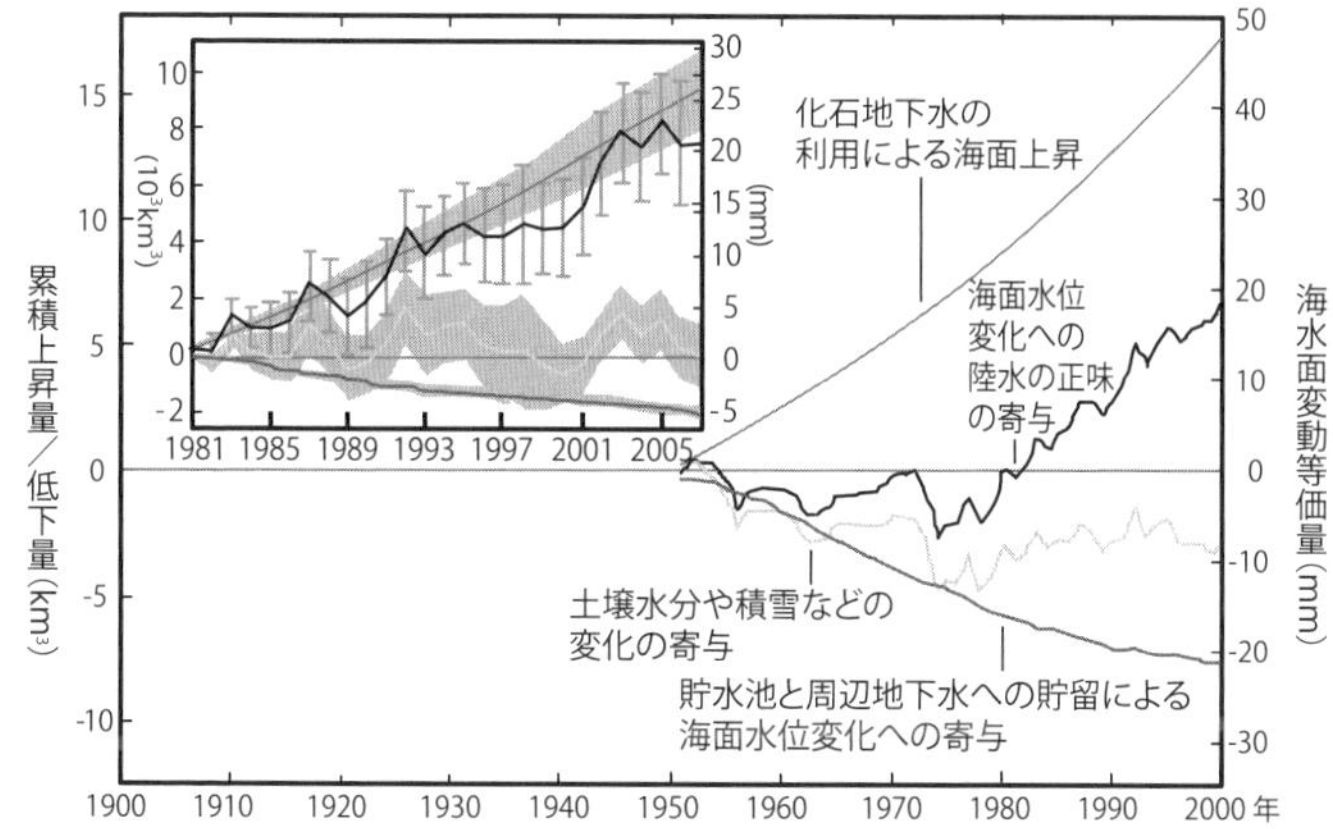

図 4-1 IPCC の第 4 次評価報告書で報告されていた、理由づけできない海水面の上昇分が、陸に貯留されている水量の変化とちょうど同じ位の量に相当（Pokhrel et al., 2012 より）

と百年では10センチメートルになりますから、IPCC AR4で示された18〜59センチメートルという21世紀末の海面上昇の推計値に比べて決して小さな値ではありません。人間は直接、間接に水循環を大きく変化させているのです。

四 水循環変化が水資源管理に及ぼす影響

地球温暖化という用語は、気温が上昇するだけ、という印象を与えかねませんが、気温の上昇は風の吹き方、高気圧や低気圧の強さや経路、湿度分布や雨雪の降り方を変えるなど、結局気候そのものが変わる、ということなのです（第一章参照）。水循環は気候システムの重要な一要素ですので、気候変動に伴って水循環も大きく変化すると考えられます。しかし、特に雨は時間的にも空間的にも集中しているため、シミュレーションによって算定される将来への変化に関して気温ほどには確度の高い予測が可能となっているわけではありません。地理的に細かく見ると、プラスマイナスといった変化の符号が気候モデルによって異なることも珍しくありません。

しかし、だからといって何もかもが信じられないか、というとそうでもなく、大陸スケールでは気候変動に伴ってどのように水循環が変化し、潜在的に最大限利用可能な水資源量、すなわち水資源賦存量がどのように変化するかの傾向は明らかになっています。

まず、現在でも比較的水資源が豊富な極域、シベリアやアラスカ等と、湿潤熱帯地域、アフリカ中央部や南アメリカのアマゾン川流域、あるいは東南アジアなどで10〜40％水資源賦存量が増加します。逆に、比較的水資源に乏しい熱帯・亜熱帯の乾燥域で10〜30％水資源賦存量が減少すると見込まれています。その結果、干ばつの影響を受ける領域は増大し、例えば中央、南、東、東南アジアの特に大河川で渇水の危険性が増大し、２０５０年までに10億人以上が影響を受け、オーストラリア南・東部では

２０３０年にかけて水問題が深刻化すると懸念されています。

口絵４は、高度な経済成長が続き、エネルギー資源がバランスよく使われた場合のシナリオ（Ａ１Ｂシナリオ）に沿って推計された図です。21世紀終わり（２０８１〜２１００年）頃の年河川流量の、20世紀終わり（１９８１〜２０００年）頃に対する変化を平均値の比で示したものを背景に、持続可能な開発に影響の出る恐れがある地域について、淡水資源への将来の気候変動の影響を例示しています。ＡＲ４で利用された20余りの気候モデルの重みつき平均に基づいて算定されています。

背景の分布に着目すると、地中海沿岸、北アフリカや東欧を含む広い範囲、メキシコからアメリカ中西部にかけて、アルゼンチン、南アフリカ、オーストラリアなどで乾燥化が進みそうだということがわかります。いずれも日本や熱帯地域に比べるとやや乾燥した穀倉地域で、こうした地域で干ばつの懸念が高まると、食料をこうした地域に依存している日本の食料安全保障にも悪影響がもたらされる可能性があります（第五章参照）。

一方で、熱帯湿潤地域や北半球高緯度の寒冷湿潤地域、そして夏の南西アジアモンスーンの影響を受ける地域では利用可能な年水資源賦存量の増大が見込まれています。

こうした地域では地球温暖化が水資源管理に便益をもたらすかのようにも受け止められますが、降水量の増加に伴って河川流量が増えるのは現在でも水が豊富な雨季です。増えた分を貯留し、乾季に利用できるような社会基盤施設が整っていればその増分を有効に利用することも可能でしょうが、そうでなければ有効利用されることなく海に流れていってしまうだけで、むしろ洪水のリスクがより増大する恐れもあると考えた方がいいでしょう。

地域的、テーマ的な影響としては、豪雨に伴って河川の濁度が上昇して上水道用に取水できなくなる頻度が増加する、水温の上昇と渇水の増加に伴って内陸に位置する火力や原子力発電所の冷却水として利用しにくくなる、低水流量が減少して水力発電に影響が出る、などが懸念されています。

五 水循環変化が豪雨・洪水管理に及ぼす影響

一方で、激しい降水の頻度は増大し、これにより洪水リスクが増大するものの、年総降水量にはあまり変化がないため、結果として「降るときには強い雨が降るが、降らない無降雨日数も増えて洪水も渇水も増大する」可能性が、ヨーロッパの内陸部や南米の海岸付近で高いと推計されています。

ここで、洪水や渇水が深刻な被害をもたらす時間スケールに注意をする必要があります。洪水の場合、流域の大小や全体の勾配によって、雨のピークから流量のピークまでの時間（洪水到達時間）が大きく異なります。日本の都市の小河川では数時間、極端な場合には強雨からわずか10分で洪水流が押し寄せる、といった事態が生じます。洪水流の大きさに関係するのはこの洪水到達時間のスケールの雨の平均的な強度であるため、利根川や石狩川、信濃川といった大河川になると、1日雨量や2日雨量が流域全体で普段よりも多くないと大洪水にはなりません。これが大陸の大河川になると1週間雨量、あるいは1ヵ月、3ヵ月雨量が平年よりも際立って多い場合にやっと歴史的な洪水となるのです。

時間スケールごとに極端現象をもたらす気象要因は異なり、例えば1時間よりも短い豪雨は積乱雲、いわゆる入道雲がどこで雨を降らせるのか、あるいはそれがいくつか続けて同じところに雨を降らせるかで決まりますが、日本では1日単位で比べた豪雨は台風によってもたらされるものが圧倒的に多いのです。つまり、日本の大河川の洪水が増えるか減るかは、強い台風が発生して日本に近づいて雨をもたらす頻度が気候変動によって増えるか減るかにかかっているのです。今のところ、台風（や熱帯低気圧）の数に全体として大きな増減はなさそうですが、非常に強い台風の発生頻度は増える、というふうに近年の気候モデルでは算定されていますので、日本の大河川の洪水は増える可能性があります。ただし、台風の発生域や経路、接近・上陸数の変化についてはまだよくわかっていません。これが大陸の大河川になると、例えばアジアモンスーンの強弱や、雨の強度だけではなく冬季に溜まった春先の最大積雪深なども関連し、より長い時間スケールを持つ気候の変動、例えば、太平洋の熱帯域で起こる大気と海洋の相互影響（エルニーニョ・南方振動といいます）などに伴ってそれらがどう変調するかが鍵となります。

●ゲリラ豪雨にもたらす影響

では、ゲリラ豪雨とよばれるような短時間の雨に関してはどうでしょうか。将来予測についてはシミュレーションの限界などから、短時間の降雨強度がどう変化するかについて確度の高い情報を抽出することが現段階では容易ではありません。そのため、過去

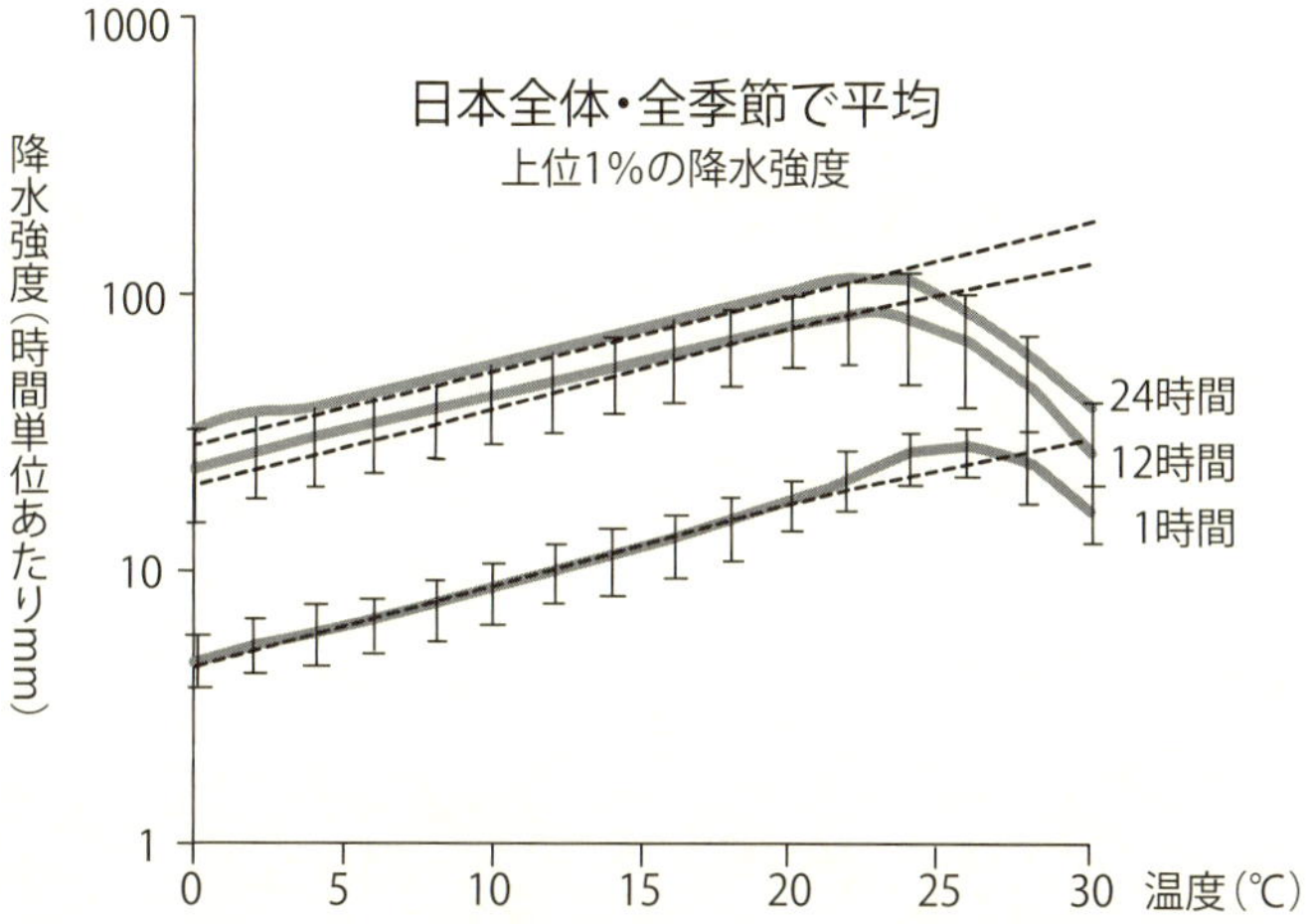

図4-2　日平均気温ごとに見た、降った雨の上位1%に相当する雨の強さ（Utsumi et al., 2011 より）

の観測データに基づいて、日平均気温ごとに降った雨の上位1％に相当する強雨を集計するといった研究も行われています。その結果（**図4-2**）によると、気温が高い日には強い雨が降りやすく、それは大気中に含まれ得る水蒸気量の上昇分で基本的には説明できる、ということがわかっています。10分間降水量で見ると、気温が高ければ高いほど強い雨となるのですが、1時間降水量や24時間降水量では、日平均気温25℃くらいをピークとして強雨の強度が弱まる傾向が見出されました。1つの積乱雲によって凝結落下させられる場合、大気中の水蒸気量が多ければ多いほど降水強度は大きくなり得ますが、日平均気温が高いような気象条件下では積乱雲からのそうした強雨が継続せず、10分間降水量としては強雨でも、1時間、24時間平均をとるとそれほどでもない、という現象の反映であると判断されます。

気候変動に伴って、この25℃というピークの値がどのように変化するのかはまだよくわかりません。しかし、観測データに基づいた結果ですので、気候モデルの不確実性を気にすることなく、10分間雨量といった短時間の雨に関しては、気温が高い日には豪雨が降る可能性が高い、というふうに考えてよいでしょう。気温が高くなる理由が人為起源の気候変動なのか、都市化によるヒートアイランドなのかは、この場合問いません。また、もともとの日平均気温が低い場合には1時間雨量、24時間雨量でも気温上昇に応じて強雨の強度が強くなることが過去の観測結果から見込まれます。日本でも、温暖化の影響を一見深刻に受けそうな西南日本よりは、東北や北海道といった比較的寒冷な地域で豪雨による洪水の危険性が上がる可能性が高いことになります。

気候モデルシミュレーションの結果から、東京付近の値を取り出して、20世紀（現状の CO_2 濃度の場合）と、温暖化時を想定した21世紀（2倍の CO_2 濃度の場合）とで、

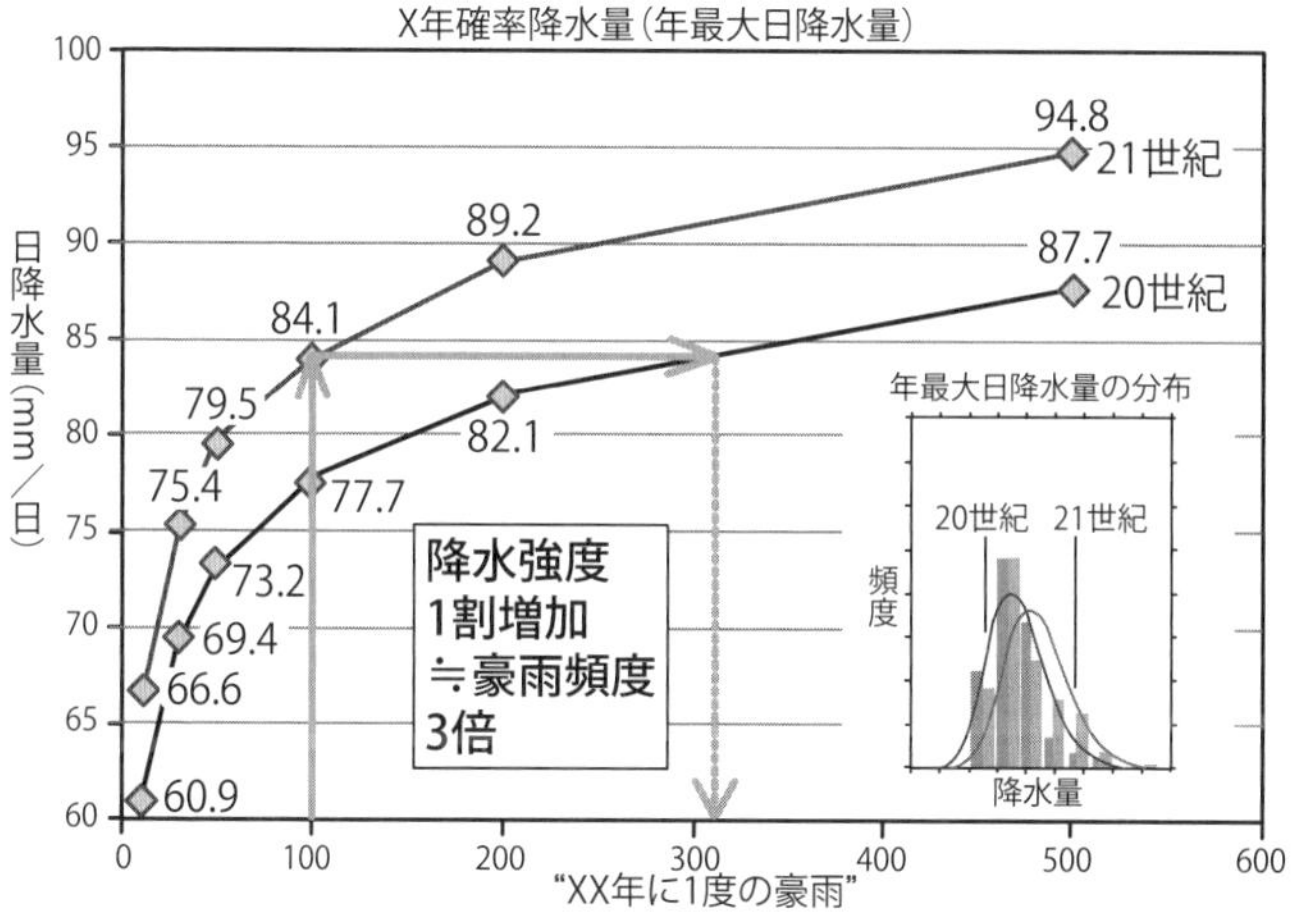

図4-3 気候シミュレーションによる、20世紀（現状のCO_2濃度の場合）と21世紀（2倍のCO_2濃度の場合）における、年最大日降水量の頻度変化（日本のCCSR/NIES AGCM T106モデルのシミュレーション結果）

年最大日降水量の頻度がどの程度変化するかを調べてみると、20世紀には百年に1度（言い換えると、ある年にその値を超える日降水量が観測される確率が1％）の雨量は約78ミリメートル／日です。これが21世紀には約84ミリメートル／日と1割ほど増大するという結果が得られています（図4-3）。1割の増大というと、普通はたいしたことはないように感じるかもしれませんが、洪水対策を考えねばならない河川管理者にとっては大きな差だということです。

また、これを頻度という視点でとらえてみると、84ミリメートルの日降水量は20世紀には3百年に1度（ある年にこれを超える確率は約0・33％）で、頻度が3倍になっています。あるいは、20世紀には百年に1度の豪雨である78ミリメートル／日が21世紀には30～40年に一度観測されるようになる、ということです。約3倍の頻度、という関係はあくまでもここで使用した気候モデルによる値であり、最新のIPCCの極端現象に関する特別報告書（SREX）では、シナリオによっても気候モデルによっても違いますが、21世紀末の全陸地平均ではだいたい2倍くらい、という結果が示されています。

このような豪雨の発生確率の変化に応じて、ある気候に適応してきた社会の体制は変革を迫られます。気候変動のスピードに社会の対応が追いつかない場合には災害によって被害を受けるリスクが高まることになるのです。やっかいなのは、気候変動の進展によって豪雨、洪水、水害リスクが高まっていても、実際に豪雨が生じない限り、その潜在的なリスクの増大はなかなか認識されないことです。目に見えて便益があがる投資とは異なり、防災・減災分野への投資は、マイナスを少なくする、という施策です。災害が起こらない限り、あるいは起こっても、そのありがたみはなかなか認識されません。世界各国、政府から地方自治体まで財政難の主体が多い中、こうした水災害リスクを減らすために社会の脆弱性を削減するといった施策を着実に実行に移せるのかどうか、各コミュニティの判断が問われます。

六 気候変動の水分野への影響と持続可能な開発

同じような規模の（ハザードとしての）洪水が生じても、それが甚大な被害をもたらすかどうかは、洪水に対する社会や市民の曝露、そして災害に対する準備状況や社会の脆弱性などに大きく依存します。我々は、安心・安全かつ快適で持続可能な社会を構築しようと思い、地球温暖化に伴う気候変動がその阻害要因となると考えるから地球温暖化、気候変動を抑制しようとするのであって、気候変動の悪影響さえなくなれば良いわけではありません。そういう意味では、持続可能な社会の構築へ向けた道筋を水分野で考える際、地球温暖化だけではなく、都市化に伴うヒートアイランドや大規模な土地被覆改変なども地域的な気候を変化させ、水資源賦存量を大きく変えてしまう恐れがある点にも目配りする必要があります。

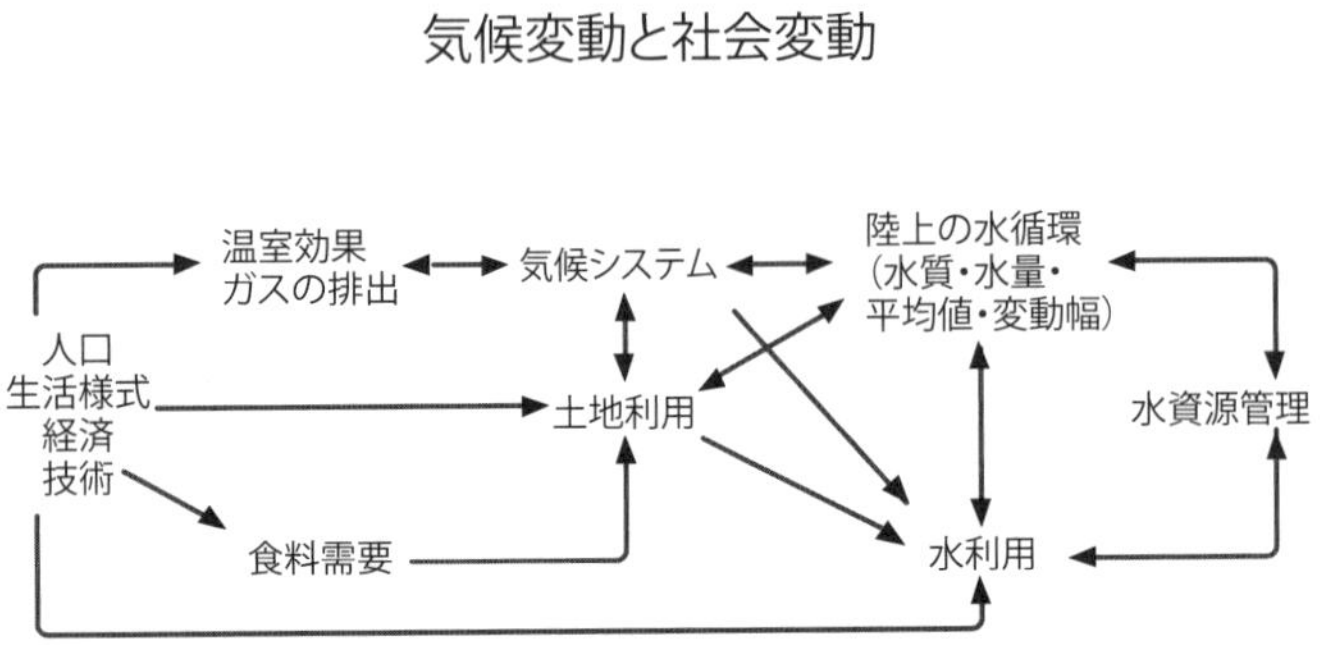

図 4-4 人間活動が淡水資源とその管理に与える影響。気候変動は多数のストレスのうちの1つに過ぎない（IPCC 第4次評価報告書より）

また、そもそも、人口増大や生活様式の変化、経済発展や技術革新などは、温室効果ガスの排出量を変えるのみならず、食料や水の需要、土地利用を変え、水の需要と供給の両面にわたって、また、洪水流の特性や洪水災害への脆弱性にも大きな変化をもたらします（**図4-4**）。そういう視点からは、気候変動は持続可能な社会を構築し、維持していくのを阻む要因（ストレッサーといいます）の一つに過ぎない、ということになり、IPCC AR4の第3章「淡水資源とそのマネジメント」でも強調されている点です。したがって、将来展望を作成する際には、気候変動だけではなく、人口や経

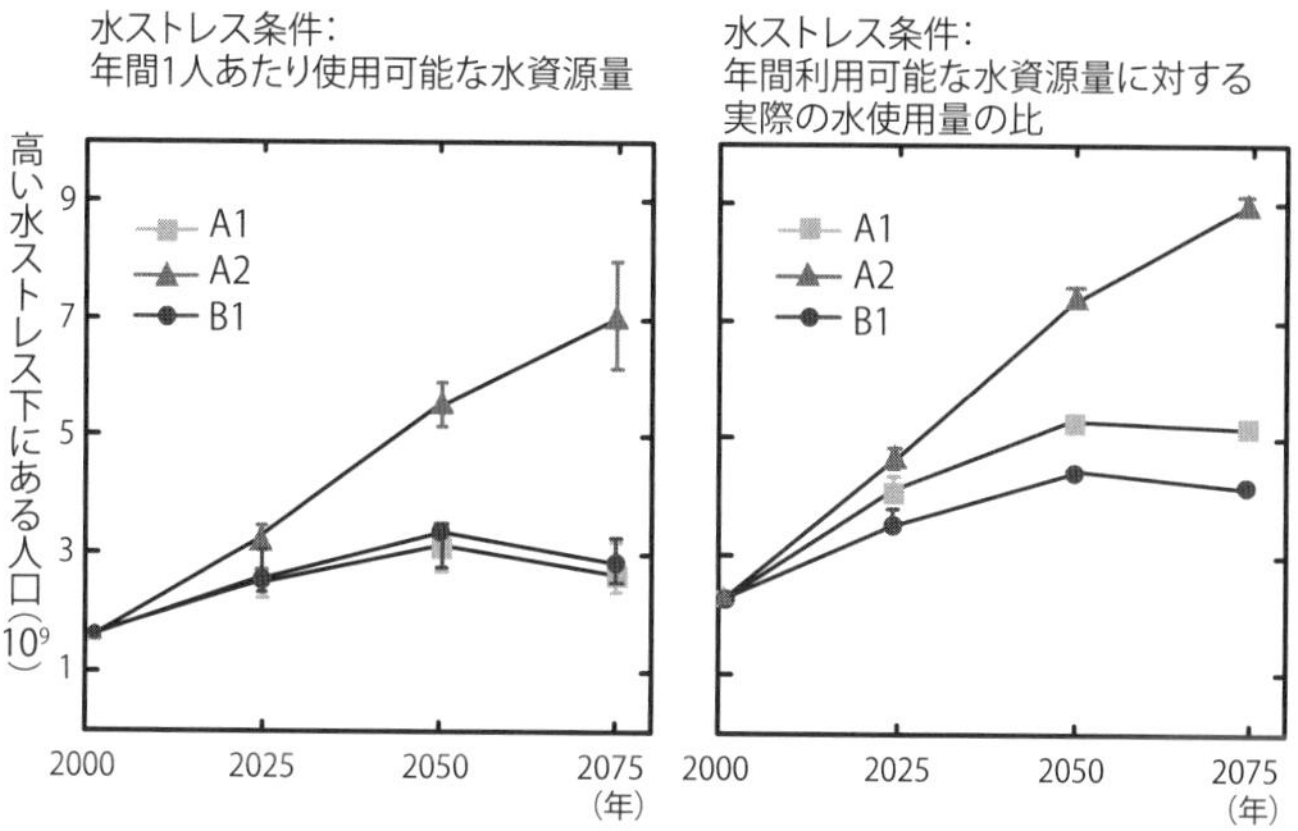

図 4-5　シナリオ別による、高い水ストレス下にある世界人口（10 億人単位）（Oki and Kanae, 2006 より）

済といった社会変動をも織り込む必要があるのです。

●指針としての水資源アセスメント

図４‐５は人口増加と経済発展に伴う水消費の増大、そして温暖化に伴う気候条件の変化を考慮し、高い水ストレス下にある人口という指標で21世紀の水需給の長期展望を示したものです。左側は年間１人あたり使用可能な水資源量、右側は年間利用可能な水資源量に対する実際の水使用量の比、という指標に基づいて算定された、高い水ストレス下にある世界人口（10億人単位）を示しています。それぞれ３本ある線は、ＩＰＣＣが利用

している将来の社会経済発展シナリオの違いに対応しています。地域主義経済発展重視シナリオであるA2シナリオの結果では左右いずれも高い水ストレス人口は増大しますが、グローバル主義経済発展重視シナリオA1や、グローバル主義環境重視シナリオB1では世界人口も2050年をピークとして頭打ちになること、地球温暖化により利用可能な水資源量は全体としては増えることなどから、高い水ストレス下に置かれる人口も頭打ちになると予想されていることがわかります。

こうした将来の水資源アセスメントは、より正確な将来予想を打ち出すためではなく、むしろ、いくつかのシナリオに沿って社会が進んだらどのような状況が想定されるかを示し、社会としてどういう選択肢を選ぶべきかの指針を与えることにあります。すなわち、人口が急激に増加し、水需要も急増するA2シナリオではなく、世界の人口も安定化し、技術移転によって工業用水の再利用も増大するB1シナリオの様な社会を実現するべく政策的に誘導する必要がある、といった道筋を示すことにこうした研究の意義があるのです。さらにいうならば、こうした将来展望を社会が重く受け止め、想定を超えた対策を講じて、実際にはこんなに水ストレス人口が増えない、といった結果になること、すなわちこうした研究の将来推定が結果として大外れであった、となることこそが研究の大成功なのです。

　将来的に水ストレスが増大する懸念があるのは、基本的には現状でも水ストレスが高い地域が多く、中国北部から西部にかけて、インドとパキスタン国境付近のインダス川流域から西アジア、中近東、地中海沿岸の特に北アフリカ、そしてアメリカ合衆国西部からメキシコに至る地域などです。西アジアから中近東にかけては人口増加の影響が大きく、また、北アフリカの地中海沿岸などは気候変動の影響もかなり大きくなっており、アフリカでは2020年までに7千5百万人～2・5億人の人々が気候変動により水ストレスが増大する、とAR4では述べられています。一方、変化を比で表すと、アフリカを中心とする地域で水ストレスの変化が大きくなります。これらの地域では現在は天水（雨水）に頼った水利用が多いのに対し、今後人口が増大し生活用水需要や灌漑用水需要が増えると、どうしても水利用を増やす必要が出てくるからです。よって水利用施設の確保のみならず、適切に利用する社会システムをも含めた構築が必要となります。なお、全般的には気候変動の影響は限定的で、将来の水需給のひっ迫に関しては人口増加、経済発展の影響がかなり支配的です。

七 水分野の適応策

AR4で述べられている通り、「たとえ温室効果ガス濃度が安定化したとしても、数世紀にわたって人為起源の温暖化や海面水位上昇が続く」ことが考えられます。よって、気候変動への対策として温室効果ガスの排出量を減らし、場合によっては吸収する「緩和策」の推進だけでは地球温暖化による被害を最小限にすることはできず、地球温暖化にともなう気候変動による悪影響を最小限に抑える「適応策」が必要です。AR4では「互いに補完しあうことによって気候変化による災害リスクを大きく低減することが可能」と、緩和策と適応策とを対等に扱っています。

しかしながら、緩和策が、省エネルギーを実現するためのハイブリッド車や電気自動車、省エネ家電の開発に始まり、太陽電池パネルや風力発電など自然再生エネルギーの改良と普及、CO_2の吸収・貯留といった新たな技術の開発と社会への普及、森林の適正な管理、あるいは温室効果ガス排出量削減分の取引など新たな社会システムの導入、ライフスタイルや社会のあり方そのものの変革を含むのに対して、適応策は従来の防災対策、能力開発、社会の脆弱性を減らす施策などが中心で、新規性に乏しい点は否めません。このため、マスメディアなどでは適応策はほとんど議論されず、緩和策ばかりが報じられることになっているのです。また、適応策をすれば緩和策は不要なのではないかという風に考えられても困る、と思っている主体も多いのかもしれません。

●適応策はどのようなものか考えられるか

AR4第2作業部会第3章「淡水資源とそのマネジメント」では、水分野における気候変化対策のうち、適応策として次のような項目をあげています。

・貯水池とダム建設による貯留容量の増加
・地下水の探査と汲み上げ
・海水淡水化
・雨水貯留の普及
・水輸送

・再生水利用による水利用効率の改善
・穀物作付け時期、品種、灌漑手法、植え付け面積の変更による灌漑用水需要の削減
・従量料金導入や水市場拡大など経済的手法の導入
・農作物輸入による灌漑需要の削減（仮想水輸入）

水処理、造水技術は、簡単なろ過から膜を使った高度処理まで、品質ニーズに応じた手段を普及可能なコストで提供できるようにする必要があります。また、安定して利用可能な水資源量を増やすための貯水施設や雨水利用施設、河川水や地下水の取水施設を持続的に利用可能な形で、しかも環境影響を最小限に抑えつつ提供できるようにすることも考えなければなりません。

水需要の抑制のためには、節水家電、工場における水の循環利用といった、日本がリードしている技術を世界に広げることも重要でしょうし、節水型農業や耐乾燥品種の普及にも期待されます。水質の悪化は利用可能な水資源量の減少と同義ですから、水質基準や排水規制などを地域内各国で共有することも大事です。

これらに加えて、日本では今まで比較的小規模な特定の都市河川でしか試みられて

こなかった総合治水の考え方を、大河川一般に広げようという方針が打ち出されています。すなわち、ダムや堤防など河道だけで洪水を処理しようとするのではなく、氾濫することもあり得るという前提での土地利用規制や二線堤の整備、予警報の充実など流域対策、ソフト対策も積極的に取り入れようというのです。この場合、水循環のモニタリングと予測によって水循環の量と質とを適切にマネジメントするための観測技術、予測技術の開発も非常に重要となります。

ここで、高潮や洪水、干ばつ、健康被害など、温暖化に伴ってリスクが上昇すると懸念される自然災害に対する社会の備えは一般には十分ではなく、設定した目標に達していないのが普通です。そのため、本来は、将来温暖化した際の被害を減らそうとする適応策ですが、結果として目先の問題の解決にも資する、という特徴が備わっています。したがって、適応策の多くは、地球温暖化に伴う気候変動の予測の不確実性に関わらず、現在設定している防災水準の目標までは進めても無駄にはなりにくいのです。

八 日本における気候変動と水の将来展望

では日本の状況はどうでしょうか。日本が高度成長期を迎えていた1960年代には、ますます伸びる都市用水等の需要を満たすための水資源開発が非常に大きな課題でした。これに対応するため、数多くの貯水池や堰、取水施設などの水資源に関わる社会基盤が整備され、利用可能な水資源量は着実に増大してきました。

しかし、環境意識の向上、水利用の効率化、減反、そして人口減少などの影響により、日本の水需要は頭打ちから減少に転じようとしています。福岡や沖縄、あるいは四国のように現状でもまだ水需給がひっ迫していて時折渇水に見舞われる地域もありますが、そうした地域でも貯水池整備や海水淡水化施設の導入等により水資源の安定供給体制等が着々と整いつつあります。したがって、気温上昇や環境用水需要への認識の高まりなど、水需要増大の新たな要因はあるものの、表面上、日本の水資源の今後について悲観する必要はないようにも思われます。少なくとも、安定して利用可能な水資源量の地球温暖化による減少よりは、人口減による需要減の方が確実であり、現時点では量的にも支配的でしょう。むしろ、近年の財政状況により、維持補修が後回しになり、水道管や下水管の破裂・道路陥没などの事故が頻発しだす恐れの方が強いと思われます。

洪水対策に関しては、国管理区間の河川整備に関して、目標とする河川の治水計画に対する、実質的な達成度合いを示す整備率は、60%程度というのが実態です。しかも、それは本来設定されている百年や2百年に一度の洪水でも溢れない河川を作るという目標を下げ、大河川で30年に1度程度、中小河川では5年や10年に1度程度生じる洪水でも溢れない河川を作るとした目標に対する整備率です。その上、すでに示した通り、地球温暖化によって、同じピーク流量の洪水はその頻度が2倍から3倍に増えることが懸念されています。そういう意味では、都市化や人口の集中、土地利用の改変や水害リスクの高い土地への居住の拡大などが一段落した日本においては、洪水対策（治水）に将来の懸念をもたらす変化要因として気候変動の位置づけが相対的に重要になっていると考えられます。

九 おわりに —— 影響をグローバルに捉える

２０１１年10月に生じたタイの大洪水では日本企業の工場が多数被災し、多額の被害をもたらしたのみならず、全世界のハードディスク生産の４割がこの地域で行われていたことなどから世界のパソコンの出荷量などに多大な負の波及効果を及ぼし、日本経済のみならず世界経済に大きな影響を与えました。もちろん、ＳＲＥＸにも書かれている通り「個々の極端現象を人為起源の気候変動のせいにするのは非常に難しい」ので、こうした個々の大洪水や大干ばつなどを人為起源の気候変動のせいにするのは、現時点ではまだまだ無理です。しかし、大事なことは、気候変動や水の問題を考える場合に自国への影響のみを考えていてはいけない、ということではないでしょうか。タイの洪水ではサプライチェーンという面が取りざたされましたが、それだけではなく、日本が依存している様々な原材料やエネルギーを供給してくれている国や地域、あるいは、日本製品や日本企業のサービスを購入してくれている国や地域で気候変動に伴う災害被害が激化したらどうなるでしょうか。グローバル化が進んだ現在、日本政府の権力が及ぶ「領土」を超えた広い「国土」が全世界に広がっていて、その広い「国土」に住む様々な人々の生業が日本に住む我々の豊かで快適で、安全で安心な暮らしを支えてくれているのです。

また、地球温暖化の進行を食い止めようとする温室効果ガスの削減、緩和策だけでは温暖化の悪影響は抑えられても、現に存在する自然災害リスクや貧困、健康、水、エネルギー、食糧資産、生態系保全など社会が解決すべき問題の解決にはなかなかつながりません。そのため、途上国において現在すでに存在する課題の解決にも資する適応策の実施が図られることが非常に意義深いと思われます。現在すでに相当の温室効果ガスを排出してしまっているため、気候変動とそれに伴う異常気象はもはや完全には止められませんが、その悪影響を最小限に抑えることはできるでしょうし、そのための適応策の実施に社会が努力していかねばなりません。

●これからの研究課題

もちろん、まだまだ研究が未成熟な点はたくさんあります。一つには、人為起源の地球温暖化に伴う気候変動によって、水循環がどのように変化し、どのくらいの人数の人々が影響を受けそうか、はわかっても、具体的に人的・経済的被害がどのくらい追加的に増大するのか、どれほどの緩和策を振興すれば、あるいは、適応策にどのくらいのコストをかければ、どの程度それらが削減できるのか、といった定量的な影響評価がほとんどなされていないのが致命的です。これらがないと、緩和策や適応策のコストにそれでも生じる地球温暖化に伴う追加的な被害額を足した社会コストの総和が最小になるような施策を設計する、あるいは政策判断をする、といった合理的な判断の支援ができません。

また、さらには、緩和策（例えばバイオ燃料作付の増加）が水分野にどういう影響（例えば水質の悪化）をもたらすのか、他分野における適応策（例えば農作物の作付暦の変更）が水分野に及ぼす影響（例えば水需要の変化）、さらには水分野の適応策（貯留施設の整備）が他の分野（例えば生態系）に及ぼす影響などについては、一部研究例があるものの、まだまだそうした作用環に関する知見は極めて限られています。不確実性の逓減とあわせて、そうした波及効果、フィードバック効果に関する研究を推進する必要があると考えています。

影響まとめ

・気候変動によって気温や降雨量の平均値が変化したり、洪水や渇水等の極端現象の頻度が変化したりすると、水管理のやり方、自然災害防御のやり方を変えなければならない。適応する余裕がない発展途上国では、特に深刻な悪影響が懸念される。

・気温上昇の顕著な影響は、季節によって、あるいは一日の時間帯によって氷が融けたり凍ったりする0℃付近の地域に現れる。具体的な例としては、雪として降ってもすぐに融けてしまうため、春先に雪として貯まっている水の量が少なくなり、水田耕作で水が必要な時期に足りなくなる可能性がある。

・氷河のような雪氷に覆われた領域では、気温が上昇すると、氷河の面積は狭くなり、水資源的に安定して利用可能な水の量が減る。そうした流域に現在世界人口の約6分の1が依存している。アジアではヒマラヤの氷河融解により、今後20～30年にわたって洪水、水資源への影響が生じると考えられる。

・気温の上昇は水温の上昇を引き起こし、有機物が分解されやすくなり水質の悪化が進む。また、湖の表層の水温が高く、湖底に近い深層の水温が低いという安定成層が強化されると、深層に酸素が十分行き渡らなくなって水質が悪化する。

・海水面が上昇すると、海水が川の上流へさかのぼってしまうことが考えられる。汽水域の貝や魚が新しい環境に合わせて移動し、漁場が変化する可能性がある。また、真水が取水できる河口付近の灌漑用水取水口にも塩水が混じるようになれば、別途上流から取水するなどの対策が必要になる。

・地下でも真水と海水のバランスが変化し、真水を汲み上げることができていた深井戸に塩分が混じる可能性がある。小島嶼や、または海岸線沿いに立地していることの多いアジアのメガシティなど、水源を地下水に頼っている地域では要注意である。

・気候変動に伴う水資源賦存量（潜在的に最大限利用可能な水資源量）の変化の傾向としては、現在でも比較的水資源が豊富な極域、湿潤熱帯地域などでは、10～40％水資源賦存量が増加し、逆に比較的水資源に乏しい熱帯・亜熱帯の乾燥域では、10～30％水資源賦在量が減少すると見込まれる。干ばつの影響を受ける領域が増大すれば、食料をこうした地域に依存している日本の食料安全保障にも悪影響がもたらされる可能性がある。

・水循環に伴う地域的、セクター別の影響としては、豪雨に伴って河川の濁度が上昇して上水道用に取水できなくなる頻度が増加する、水温の上昇と渇水の増加に伴って内陸に位置する火力や原子力発電所の冷却水として利用しにくくなる、低水流量が減少して水力発電に影響が出る、などが懸念されている。

・ヨーロッパの内陸部や南米の海岸付近をはじめとして、激しい降水の頻度は増大し洪水リスクが増大するが、年総降水量にはあまり変化がないため「降るときには強い雨が降るが、降らない無降雨日数も増えて洪水も渇水も増大する」可能性が高いと推計されている。

・日本では今のところ、台風（や熱帯低気圧）の数に全体として大きな増減はなさそうだが、近年の気候モデルでは非常に強い台風の発生頻度は増えると算定されている。台風によってもたらされる豪雨により、日本の大河川の洪水は増える可能性がある。

・ゲリラ豪雨とよばれるような短時間の雨に関しては、気温が高い日には豪雨が降る可能性が高い。また、もともとの日平均気温が低い場合、1時間雨量、24時間雨量でも気温上昇に応じて強雨の強度が強くなることが、観測結果から見込まれる。そのため日本では、温暖化の影響を一見深刻に受けそうな西南日本よりは、東北や北海道といった比較的寒冷な地域で、豪雨による洪水の危険性が上がる可能性が高い。

・将来的に水ストレスが増大する懸念があるのは、基本的には現状でも水ストレスが高い地域が多い。全般的には気候変動の影響は限定的で、将来の水需給のひっ迫に関しては人口増加、経済発展の影響がかなり支配的である。

・日本の水需要は頭打ちから減少に転じようとしており、水資源の安定供給体制等が整いつつある。したがって、気温上昇や環境用水需要への認識の高まりなど水需要増大の新たな要因はあるものの、日本の水資源の今後について悲観する必要はないが、人口減少下での既存施設の維持更新が課題である。

・日本の洪水対策に関しては、都市化や人口の集中、土地利用の改変や水害リスクの高い土地への居住の拡大などが一段落しており、洪水対策に将来の懸念をもたらす変化要因として、気候変動の位置づけが相対的に重要になっている。

第五章　農業への影響

（独）農業環境技術研究所　大気環境研究領域　上席研究員　長谷川利拡

はじめに

国際連合食糧農業機関（ＦＡＯ）の試算によると、２０５０年に90億人以上に達するとされる世界人口を養うためには、農業生産を現在よりも70％増加させる必要があるとのことです。人口の増加は35％と予測されていますが、それよりも多くの割合で農業生産を高める必要があるのは、人口による食料需要の増加に加えて、経済成長に伴う肉食の増加で飼料への需要が高まることなどからです。農地面積の拡大が困難な状況にあることから、この増加の約90％を単位土地面積あたりの生産量に依存しなければなりません。さらに、今後の政策によりバイオ燃料用の生産需要が高まれば、食料・飼料生産に影響が現れることも懸念されます。２０５０年までの食料増産の達成可能性に関して、ＦＡＯは必ずしも悲観的ではありませんが、このような増産は簡単に達成されるものではなく、農業生産技術を大幅に向上させる必要があります。

すでに２０１０年現在で慢性的な栄養不足は世界で約9億2千5百万人にも達しています。その内訳は、アジア太平洋地域が5億7千8百万人、アフリカ大陸のサハラ砂漠以南で2億4千万人、ラテンアメリカとカリブ海地域で5千3百万人、中東と北アフリカで3千7百5十万人とされています。また、これらの地域は、人口増加に伴う食料需要の高まりも先進国以上に大きく、現在のおおよそ2倍の増産が必要とされています。すなわち、現在貧困と食料難に苦しんでいる地域において、今後大幅な農業生産性の向上が必要になります。

食料、飼料をはじめ、温度、水、日射といった気候資源に大きく依存する農業は、気候の変化や変動に敏感に応答する産業です。その影響の方向や程度を予測し、長期的に見た農業生産の計画、短期的な変動への対処を行うことが重要です。本章では、まずこれまでに行われた農業分野での影響予測を振り返り、次にこれまでの予測で十分に考慮されていない要素を取りあげます。最後に、今後の気候変動への適応の方向を示します。

二 これまでの作物生産予測

将来の気候条件下で、地球全体（全球）の気候条件から見た作物の生産力（作物生産ポテンシャルとよびます）を試算した研究によると、気候変化の影響は地球全体では大きくないものの、地域によって大きく異なり、中高緯度地方にある先進国では深刻な影響が少ない一方、低緯度地域では大きく減収する地域があるものと予測されています。特に現在でも貧困に苦しむアフリカ地域への影響は深刻で、飢餓人口の増加が懸念されます。この他オーストラリア、南米の乾燥地域、ヨーロッパやアジアの低緯度地域においても、高温、干ばつ、洪水などの被害の増加が予測されています。

個別地域を対象とした作物生産予測も数多く実施されています。気候変動に関する政府間パネル（ＩＰＣＣ）が第４次評価報告書において、イネ、コムギ、トウモロコシについて実施されたシミュレーション結果を取りまとめた結果では、中高緯度地帯では現在よりもおおよそ３℃以上上昇すると減収になる例が多いのに対して、低緯度地域では１℃以上の上昇で減収に転じる例が多いことが示唆されました。この結果は、全球レベルのシミュレーションで示された結果と類似しています。このような予測が現実になると、南北の食料事情により大きな地域格差が生じて、貧困を悪化させることが懸念されます。ただし、これは多数のシミュレーション結果の平均ですが、同程度の気温上昇を仮定した収量シミュレーションでも、プラスの影響を予測するものからマイナスの影響を予測するものまで、個々のシミュレーション予測結果には、極めて大きな違いが認められました。これには、モデルが仮定した条件、対象とした地域の気候条件などの違いなどが関連しています。さらに、個々の結果においても不確実な要素が多く含まれています。

農業・食料分野の予測における不確実性には、影響を与える気候予測・シナリオの不確実性と、影響を受ける農業生産システム応答の不確実性の両方が混在します。気候シナリオの不確実性に関しては、しばしば温度の上昇の程度が取り上げられますが、農業に及ぼす影響は温度だけではなく、日射、降水、風速、湿度といった気象要素が少なからず影響するため、これらの不確実性も大きな問題です。また、これらの気象要素が正確に予測できたとしても、農業側の応答にも大きな不確実要因が存在します。その中には、気候変動が作物の生育・生理に及ぼす一次的な影響の不確実性もありますし、病虫害などの生産攪乱要因が変化する二次的な影響の不確実性もあります。実際の収量変動は、これらの一次的な影響、間接的な影響および農業管理技術との組み合わせの結果と考えることができます。したがって、気候変動に対処するためには、直接的、間接的な影響のしくみを理解し、その兆候を監視することが重要です。

三 温暖化の直接的な影響

温暖化は農作物に対して、プラスの影響を与える場合とマイナスの影響を与える場合が考えられます。それぞれ順番に見ていきましょう。

（一）温度上昇に伴う負の影響

温度の上昇は、多くの農作物、畜産物に影響を与えますが、影響の現れ方は様々です。農作物では、一年生（一年以内に収穫し世代を終えるもの）か永年生（一度植栽すると何年も収穫できるもの）か、夏作か冬作か、対象とする収穫器官が種か葉か根か花かなどによっても影響は異なります。動物に対する影響も、直接的に家畜の生理に与える影響から、エサとなる飼料作物に対する影響まで様々です。また、影響の現れ方、程度、対処の方法も、対象によって大きく異なることになります。温度の上昇に対する影響で、特に問題とならないようなものも多数ありますが、近年あるいは近い将来に問題視されている影響も数多くあります。表5-1には、農業分野における

表 5-1　農作物、畜産分野における主要な温暖化影響

対象	温暖化や異常高温で現れる症状	生産工程や生産物に対する影響
主要穀類	穂の発育・開花期の早期化（全般）	作物暦の変化・作業の競合・出荷時期の変化 成長量不足による収量の低下 稔実の低下による収量の低下 等級および価格の低下 稔実の低下による減収・生産量および価格変動の激化
	生育期間の短縮（コメ、ムギ、トウモロコシ）	
	発育の早期化に伴う凍霜害（コムギなどの冬作物）	
	未熟粒・胴割粒の多発による外観品質の低下（コメ）	
	受精や子実成長の抑制（コメ、ムギ、トウモロコシ）	
園芸作物 葉・茎・根菜類	生育期間の短縮	出荷時期の変化、産地間連携による出荷体制の混乱 品質および生産量の低下
	抽苔（花茎の伸長、レタス、ホウレンソウ、ダイコン、タマネギなど）	
	結球不良、肥大抑制（レタス）	
果菜・花菜類	花芽分化の不良（イチゴ、ブロッコリ）	品質および生産量の低下・産地体制の見直しの必要性
	着果率の低下（トマト、ナス）	
	果実の日焼け（ピーマン、トマト）	
	果実肥大抑制・着色不良（イチゴ）	
果樹類	開花期の前進（全般）	品質および生産量の低下 品種・樹種・産地の見直しの必要性
	低温不足による春の発芽不良（ナシ）	
	果実（皮）の日焼け、褐変（カンキツ、モモ、リンゴ）	
	浮き皮（果肉と果皮の剥離、ミカン）	
	障害果の発生	
	着色不良（リンゴ、カキ、ブドウ）	
畜産 家畜生産	エサ摂取の低下（牛、豚、鶏）	夏季の生産性、出荷量の低下、不安定供給、産業としての競争力の低下 繁殖障害、乳量の低下、飼料効率の低下
	乳量の減少、受胎率の低下（乳牛）	
	熱中症の発生（牛、豚、鶏）	
	体重増加速度、飼料効率の低下（牛、豚、鶏）	
飼料生産	穀類と同様の応答	栽培種の変更、飼料供給体制の見直しの必要性
	夏枯れの増加（主に寒地型牧草）	

気候変動影響の代表的なものを示しました。温暖化による影響で、多くの農作物で共通に見られるものは、作物の生育期間の短縮です。実際、1980年以降に温暖化傾向が認められる地域では、生育相が早期化し、作物暦が変化する傾向が認められています。生育期間の短縮は成長量の不足、ひいては減収につながることもあります。冬作物や果樹では、花芽の分化のために一定の低温期間が必要な作目、品種があります。こうした品種では暖冬条件によって、開花遅延や不良を引き起こすことがあります。

温度上昇に伴う発育への影響は、生育期間や収穫時期だけではなく、品質にも影響します。例えば、レタス、ホウレンソウ、ダイコン、タマネギなどでは、高温に遭遇することによって、花茎が伸長する抽苔《ちゅうだい》現象が見られます。この場合の品質は著しく損なわれて、出荷できなくなります。この他、発育の変化は、果樹の受粉にも影響します。リンゴ、ナシ、モモなどの代表的な果樹は、同じ品種の花粉では結実しにくい自家不和合性とよばれる性質があります。これらの果樹では、安定的に実をつけられるように、花粉親となる別品種を一定の割合で混植し、結実を図ります。この際、受粉樹との開花時期が同期することが重要ですが、近年の温暖化による発育への影響によって、受粉樹と生産対象品種との開花がずれてしまうような現象も認められはじめています。

子実・果実を収穫対象とする作物においては、受粉や子実の肥大など、特定の発育ステージに極端な高温に遭遇すると大きな被害を受けます。熱い地域に適応しているイネ、トウモロコシ、トマト、ナスなどでも、異常高温に対して高い感受性を示します。これらの作物では、開花頃の温度が34～35℃以上になると受精、着果障害が増加し、減収を引き起こします。さらに、受精後の高温は、子実の充実や果実の着色にも悪影響を与えます。例えばイネでは、穂が出て開花した後の2～3週間に高温にさらされると、玄米に亀裂が生じたり、白濁部分が生じて外観品質が損なわれ、等級低下の原因になります。また、果樹では、リンゴ、カキなどで高温によって着色不良が懸念されています。

ただし、高温障害の発生は、単に外気温だけで決まるものではありません。日射、風速、湿度など作物の体温にかかわる気象条件によって変動します。例えば、多湿、微風条件では作物体温は気温よりも3℃以上高くなる場合もあります。また、低湿、強風条件では作物体温の方が気温よりも6～7℃低い事例も報告されています。この他、作物に及ぼす温度の影響は、昼と夜とで異なります。このように、温度に対する作物応答は、気温の変化だけではなく、気象環境と作物の状態との組み合わせで決まりますが、今日の作物シミュレーションモデルでは作物の体温が十分に考慮されておらず、予測の不確実要因となっています。

家畜生産に対する影響も懸念されています。家畜・家禽の種類によって影響の程度は異なりますが、暑さによって、飼料の摂取量が低下すること、体重増加が低下すること、エサあたりの体重増加効率が低下することはほぼ共通して認められます。また、同じ家畜でも体重が重いほど高温の影響は大きいことも示唆されています。また、エサとなる飼料作物生産も温暖化に対しては主食用の穀類と同様の影響が懸念される他、寒地型の牧草では夏枯れの増加なども近年認められるようになった問題です。

●生産体制に応じた対処も必要に

温暖化の影響とその対処の仕方は、単に作目の違いだけではなく、その生産体制の特徴にも依存します。例えば、食糧の基盤であるイネ、ムギ類、ダイズなどの土地利用型作物は、温暖化条件でも供給量の確保が重要です。また、全国的に広く栽培されることから、地域に応じた適応技術が必要になります。野菜の場合、栽培期間が一般に短く、周年栽培や産地リレーなどによって周年出荷体制が確立されています。鮮度が重要な野菜では、収穫時期の変化に伴って植えつけ時期や品種による対応だけでなく、産地リレー体制についても見直しが必要になることが予想されます。永年性の果樹では、すべての季節に気候変動の影響を受けます。また、一年生作物のように、栽培時期を変化させて対応することもできません。各樹種で環境への適応範囲が限られていることから、産地が偏在しています。また、通常、樹木の更新（植え替え）は数十年単位に行われるため、頻繁に作目や品種を変更しての対応が難しく、大きな影響を受けると考えられています。まさに、長期的な視点に立った適応が望まれます。

家畜生産においては、家畜・家禽の飼育環境の変動に加えて、現在、約75%を輸入に依存している飼料調達への影響も懸念事項です。また、畜産も作目によって産地が偏っており、暖地においては今後より一層の暑熱対策が必要になります。

（二）温度上昇に伴う正の影響

温暖化は、現在、低温が成長の制限要因となっているような地域においては、低温障害の発生頻度を減少させたり、可能栽培期間を長くさせたりする可能性があります。

一般に、高緯度地域や高地の作物生産では、低温が生育の制限要因であることが多く、温度の年次変動によって作柄も大きく変動します。日本の寒冷地稲作がその典型例で、4〜5年に1度の頻度で冷害に見舞われてきました。

将来予想される温暖化が寒冷地における冷害の頻度を減少させ、水稲の安定生産に寄与する可能性はあります。ただし必ずしも楽観的な見通しだけではなく、冷害発生条件がどのように変化するかを慎重に検討する必要があります。例えば寒地稲作においては、灌漑水によるイネの保温効果が重要であることは古くから知られています。実際、深水にして稲体の冷却を防ぐのが有効な冷害対策です。ただし温暖化は水田水温も上昇させますが、水温は気温だけでなく日射、湿度、風速などの他の気象要素の影響も強く受けます。また、気温以外の要素が今日と同様と仮定してシミュレーションを行ったとしても、寒冷地の水温は気温ほど上昇しないものと予測されています。

四　CO_2濃度上昇による増収効果

温暖化の原因となる大気CO_2は光合成を行うための物質（基質）であり、大気

CO_2濃度の上昇は光合成速度を高めることが、実験的にも理論的にも確認されています。気候シナリオと作物モデルを組み合わせて将来の主要穀類の生産を予測した研究では、CO_2増加による作物の光合成・成長の促進を考慮しなかった場合、2050、2080年にはほとんどの地域で減収となるのに対し、CO_2増加による作物増収効果を考慮すれば増収が見込まれる地域もあり、世界的には大きな減収を免れることを予測しています。CO_2増加による増収効果は、気候変動が農作物に及ぼす影響の中で数少ないプラスの要素です。将来の食料生産を高めるためには、高CO_2によるプラスの影響を積極的に利用するための技術開発も、重要な適応戦略です。

CO_2に対する光合成の応答は種によって異なります。最も大きな違いは、C_3、C_4とよばれる光合成経路の違いです。イネ科の主要穀類の中では、イネ、コムギ、オオムギなどがC_3のグループに、トウモロコシ、ソルガムなどがC_4のグループに属します。C_4植物は低いCO_2濃度に適応したCO_2濃縮機能を持つため、現在の水準からCO_2濃度が上昇しても、光合成速度はあまり増加しません。実際、C_4作物を対象としたCO_2増加実験では、トウモロコシやソルガムの増収効果はほとんど認められませんでした。これに対し、C_3作物を対象としたCO_2増加実験では有意な光合成の促進効果や増収効果が報告されています。ただし、C_3作物でも、種や品種によって増収程度は異なり、イネ、コムギ、ダイズなどの主要作物の増収率は他のC_3作物に比べて必ずしも大きいものではありません。CO_2増加による光合成や成長促進は、種や品種だけでなく、温度や窒素、水分条件によっても変化します。例えば、高温条件や水欠乏条件ではCO_2増加による光合成の促進の効果は大きくなりますし、窒素が欠乏している条件では小さい傾向にあります。このように、CO_2による成長促進や収量増加を見積もるためには、環境・栽培条件の影響を考慮する必要があります。

大気CO_2の増加は、光合成を促進するとともに、葉の気孔を閉じ気味にする作用があります（第二章参照）。水蒸気の通り道になる気孔開度の低下は、水消費の減少につながります。このため、高CO_2濃度条件では、消費水分あたりの光合成や成長量は大きく増加します。面白いことに、高CO_2に対する光合成応答が小さいC_4作物でも、気孔開度は低下し、水消費は減少します。この性質は、作物の水分不足のストレスを緩和させる方向に働きます。実際、C_3作物だけでなく、C_4作物のトウモロコシにおいても、水分が不足気味の条件においては、高CO_2による増収効果が認められます。このように、CO_2の増加は、作物の水利用効率を高め、水分ストレスを緩和する効果をもたらします。

高CO_2による気孔開度の減少は、水利用を抑制する一方で、蒸散による冷却効果を低下させます。その結果、作物の群落温度はCO_2濃度の上昇だけでも上昇します。温暖化との組み合わせを考慮すると、作物体温の上昇は、高温障害の発生を助長する恐れがあります。このようにCO_2増加に伴う気孔開度の減少は、水利用効率を高める一方で、高温障害に対しては負の影響を与える可能性があります。

五 降水量、パターンの変化の影響

作物の栽培可能地は、基本的に温度環境と水の利用可能量に依存します。IPCCの第4次評価報告書では、全球気候モデルによる予測から、降水量は、高緯度地域では増加する可能性がかなり高く、一方、ほとんどの亜熱帯陸域においては減少する可能性が高い、との見通しが示されました（第一章参照）。降水量・パターンの個別地域における詳細な予測は依然として困難ですが、降水パターンが農業生産環境にも影響し、その影響が地域によって異なる可能性は高いものと考えられます。半乾燥地など、現在、すでに降水量と作物の水需要が拮抗している地域では、わずかな乾燥化でも農業自体の存続が難しくなります。

例えば、2003年以降干ばつが継続する東アフリカでは、農業生産に甚大な被害が出ています。2002年以降乾燥年が継続するオーストラリアでは、稲作地帯でのイネ作付けがほとんどできない状態が続き、稲作の存続自体が危ぶまれています。このような地域における降水量の変化は、産業の存続に関わる深刻な影響を与えます。

水分不足が問題になっている地域でも、単純に降水量の減少が収量損失を引き起こすわけではありません。長期的に年降水量に減少傾向が認められる西オーストラリアの事例では、降水量の減少が作物の生育にとって不都合な時期に起こらなかったために、コムギ収量には影響していません。一方、インドのラッカセイの収量変動と降水量との関連を解析した事例では、年降水量に違いがない年次でも、降水パターンの違いによって深刻な水ストレスが生じて減収にいたる場合と、収量に影響を与えない場合がありました。これらの事例は、年降水量の多寡のみから収量変動を評価することが難しいことを示しています。

また、降水の時間的分布は、地域の栽培暦と密接に関連しています。主に湛水条件で栽培されるイネも、全世界の栽培面積の30％以上は、雨水によるいわゆる天水田で栽培されます。このような栽培システムでは、モンスーンの始まりは、植え付けのタイミングを左右する重要なイベントです。モンスーン開始後植え付けが進行しますが、植え付けが遅れた場合は、収量は低下します。このように、降水の変動は、単に水が十分かどうかという水ストレスを通してだけでなく、栽培暦への影響を通じて生育・収量に影響します。

降水量の変化に加えて、降雨と降雪の割合や積雪深の変化は、栽培期間中に利用可能な水資源量に大きく影響します。特に、農業用水を積雪に依存する割合が多い地域では、天然のダムとしての積雪の役割が無視できません。温暖化に伴い、降雪や積雪深が減少すると、田植え前に整地する代掻き時に多量の水を必要とする灌漑水田の水需要がひっ迫することも考えられます（第四章参照）。

以上のように、気候変動が降水を通じて作物生産に及ぼす影響にも様々な側面があります。したがって、気候変動の影響を農業生産のシステムの振る舞いとして捉えて、包括的な適応策を検討する必要があります。

六 影響の連鎖・複合的な影響

温度やCO_2濃度の上昇、降水量やパターン変化の一次的・直接的な影響から派生した影響が、種々の経路を通じて二次的・間接的に作物生産に影響する可能性もあり、そのことが農業への影響をさらに複雑にしています。

温暖化が作物の発育に及ぼす影響については前述しましたが、その影響は作物だけにとどまりません。作物の害虫、病原菌などの発生についても早期化している事例が報告されています。気温、降水量は、病害虫の発生時期、生息域などを決める重要な要因です。作物暦とともに、病害虫の発生の動向を注意深くモニターするとともに、気候変動の派生的な影響の解析を継続する必要があります。

作物の耐病性は、これまでの育種で着実に向上してきました。しかし、品種の耐病性は生育温度条件や乾燥条件によって変化することがあります。気候変動条件下で、耐病性遺伝子が現在と同じように有効に働くかは注視が必要です。また、CO_2濃度の上昇は、作物の成長を促進するとともに、マメ科作物と共生する根粒の成長も促しますが、さらに根粒をエサとする害虫にもプラスに働きます。また、高 CO_2 条件は、虫害に対する作物の防御機能を低下させる場合があります。イネでは、いもち病、紋枯病といった主要病害の発生も高 CO_2 濃度によって高まることが懸念されています。

七 農業システムから気候システムへのフィードバック

農業の分野から年間に排出される温室効果ガスは、6.8ギガトン（CO_2 換算）で全体の約14%と見積もられています。このうち技術的に削減可能とされる量は5.5～6.0ギガトンと大きな割合を占めることから、農耕地からの温室効果ガスの排出を削減したり、農耕地土壌に炭素を積極的に蓄えたりすることによって、温暖化の緩和にも寄与できるのではないかと期待されています。

ただし、農耕地における炭素収支は、作物生産と同様に気候変動の影響を受けます。したがって、農耕地からの温室効果ガス排出削減技術を含む温暖化緩和策の効果は、気候変動条件下で評価する必要があります。例えば、地温の上昇は、土壌有機物の分解（すなわち、炭素の放出）を促進します。また、非作付け期間（例えば、水稲単作の場合には、冬季の休閑期間など）の水分状態も有機物の分解速度に影響します。土壌凍結期間や積雪期間が短くなった場合にも、土壌の有機物の分解は促進されます。ただし、水田の場合の非作付け期間中の有機物分解速度の遅速は、畑とは別の意味で温室効果ガス放出と関係します。すなわち、非作付け期間中に有機物の分解が進まず、未分解の有機物が多量に存在する状態で湛水が開始すると、栽培期間中に大量のメタンが放出されることになります。メタンは同じ重量あたりCO_2の20倍以上もの温室効果があるため、同じ炭素量が放出されたときの温室効果は極めて大きくなってしまいます。このように、冬季の乾燥化、温暖化による休閑時期の有機物分解の促進は、その後の作付け（湛水）期間の水田からのメタン放出を削減する方向に働きます。

生育期間中には、光合成や成長に及ぼす環境要因は、作物の炭素獲得を通じて農耕地の炭素固定に影響します。２００３年にヨーロッパを襲った熱波は、植生の成長・炭素固定能力を抑制したため、結果的に植生からの炭素排出が大きくなったものと考えられています。この他、大気汚染物質による作物成長の低下も、耕地の炭素固定能力を低下させる要因となり得ます。再びメタン放出に話を戻すと、高CO_2条件では、水田や湿地からのメタン放出量が増加することも報告されています。生育促進に伴い根や茎の数が増加し、メタンの放出経路が多くなった（水田からのメタンは、大部分が植物体を通じて放出される）ことなどが原因として考えられます。また、栽培期間中の水地温上昇は、水田からのメタン発生を著しく増大させます。しかも温暖化、大気CO_2増加による気候システムへの正のフィードバックが生じる可能生は高く、将来の気候条件下で水田からのメタン放出を抑制するための技術は、これまで以上に重要になるものと考えられます。

今後、耕地を積極的に活用した温暖化緩和技術を実施する際に、以上のような耕地生態系における物質循環を十分に考慮しなかった場合には、思わぬ副作用によって温室効果ガスの発生を増加させてしまう恐れもあります。気候変動の影響を生態系レベルで考慮することの重要性を示す一例です。

八　全球気候モデルのアウトプットと作物モデルによる影響評価

影響の定量的評価を行うには、コンピュータシミュレーションにおける全球気候モデルから提供される、将来の気候シナリオを利用することになります。全球気候モデルの精度は、近年向上していますが、全球気候モデルにより提供されるシナリオデータの時空間スケールと農業への影響評価で必要とされる時空間スケールとの間には、いまだに大きな隔たりがあります。一般に作物モデルは、農業試験場などでの地点における栽培試験データおよび日々の気象データで検証が重ねられてきましたが、全球気候モデルが再現する大気の状態に関する出力の空間的解像度は、高いものでも百キロメートルくらいです。時間スケールについても、日単位の気候データが提供されるものもありますが、月単位の出力しか得られないものも少なくありません。

気候シナリオを作物モデルの入力データとして使う場合には、全球気候モデルの結果を地域気候モデルや地形要因を考慮した統計的モデルを用いて空間的にダウンスケールするのが一般的です。また、時間スケールに関して月単位の出力しか得られない場合は、作物モデルを簡略化して用いるか、月単位の出力から日単位のデータを作出するような手続きが行われます。このようにすれば、時間、空間スケールともに細かな出力が得られることになりますが、これらの操作は便宜上のもので、それによって必ずしも詳細・正確な情報が提供できるわけではありません。

局所的な作況変動を考慮する上では、気圧配置の違いなどわずかな違いも重要です。

例えば、日本では、北海道、東北地方でイネの冷害の原因となるやませ（オホーツク海の気団から吹く冷たく湿った風）、夏季の日照・降水に大きな影響を持つ梅雨前線の発生時期や停滞期間、位置などが重要となります。これらは作況に甚大な影響を与えますが、将来どのように変化するかについては、今のところ予測が難しい段階です。特定の時期の異常温度、気温日較差、湿度、風速などは、いずれも局所的な影響として現れますが、これらも十分に反映した予測は難しいのが現状です。すなわち、これまで行われてきた気候変動による影響評価は、主に長期的な気候変動に対する作物生産の応答という側面が強く、短期的・局所的な変動に対する生産の脆弱性については、まだ十分に評価されていない段階です。

九　おわりに —— 農業分野における適応の考え方

農業分野における気候変動に対する適応には、温暖化で生じる問題に対処するための適応と、変化する気候資源を考慮した長期的・戦略的な適応があります。前者には、高温や水分の過不足などの作物ストレスを緩和するような適応が考えられます。この場合、影響の程度に応じて、(一)既存の栽培管理技術や品種の組み合わせで対処できる場合、(二)試験研究によって新たな技術を創出する必要がある場合、(三)新技術を投入したとしても対処することが難しく、地域・産業・政策レベルで策を講じることが必要な場合、などが考えられます。

気候変動下でも農業生産に必要な最低限の気候資源(水と温度)が確保できる地域であれば、(一)と(二)の適応策で対処できる可能性は高いと考えられます。ただし、その場合でも様々な影響の連鎖、増加すると見込まれる年次間変動に対するリスク分散などの考え方は、今まで以上に必要になるものと予想されます。

気候変動により、最低限の気候資源が確保できなくなることが想定される場合には、(三)のレベルでの適応が必要になります。特に、農業用水需給がひっ迫している地域で乾燥化が進むと産業自体の存続が難しくなります。例えば、2002年以降頻発する水不足で作付けが難しくなっているオーストラリアの稲作は、そのような状況の表れかもしれません。先進国あるいは食料輸出国にとっては、一地域の産業の転換として受け止められる問題かもしれませんが、輸入国にとっては大打撃を受ける可能性もあります。また、途上国で食料を自国の生産で賄えないような地域でこのような事態が起こることになれば、一国の農業分野だけでは解決できないような深刻な状況に陥ります。現在、そのような事態が懸念されているのが、温室効果ガスの排出が極めて少ない国々です。国際的な枠組みでリスクの評価と適応のための方策を検討する段階といえるでしょう。

●生産性向上のための長期的な適応も必要

以上のような対処的な適応と同時に長期的・戦略的な適応も必要です。農業分野では今後40年間で生産を70％増加させるという大きな目標があり、気候変動はその目標を達成する上での一条件とも位置づけられます。これまでの試算による将来の食料生産や飢餓人口の予測では、気候変動がない場合のベースラインシナリオにおいて、これまでと同じような技術進歩による作物生産性の向上を仮定しています（例えば、先進国、途上国でそれぞれ年0.6％、0.9％の単収増加を仮定）。その結果、ベースラインシナリオでも、２０８０年の穀類生産は１９９０年に比べて2倍以上に増加することが予測されています。この見積もりが違えば、食料需給見込みや飢餓人口の算定は大きく異なるものになります。

今後の作物生産性の見込みについて、国際連合食糧農業機関（ＦＡＯ）は比較的楽観的な見通しを示しました。その理由としては、現在の地域収量が達成可能な水準よりも低く、まだ向上の余地があること、トウモロコシに代表されるように、遺伝的改良による収量ポテンシャルが継続的に増加していること、実用化が期待される育種技術があること、などをあげています。

しかし、こうした生産性の向上は約束されたものではありません。3大穀類のうち、トウモロコシの収量増加は目覚しいものがありますが、イネの収量ポテンシャルは停滞気味です。20世紀には近代的な育種技術に加えて、化学肥料や農薬の登場といった劇的な効果を持つ技術導入がありましたが、21世紀には単に資材投入型の技術では、生産性の向上を図ることが難しい段階に差し掛かっています。環境との調和、資源の有効利用を考えると、今後の作物生産では肥料や水の利用効率を高めることも大きな目標になります。そのためには、気候変動が作物生産に及ぼすプラスの影響も積極的に活用するような発想も必要です。中でもCO_2濃度水準の上昇は、作物の収量増加と資源利用効率の向上の双方に役立つもので、その効果を高めるような適応も考えられます。

●世界的な食料需要を視野に

日本は現在カロリーベースで約6割の食料を輸入に依存しています。そのため、温暖化が国外の作物生産に及ぼす影響も国内の食料需給に影響します。特に、主要穀類に関しては、極めて少ない国、地域からの輸入に依存しており、世界的な食料需給の動向・変動に対して脆弱です。また、温暖化によって水資源の地域的な変動が大きくなる可能性、燃料需要や投機的な資金によって国際穀物市場の価格変動が大きくなる可能性も否定できません。特に、情報伝達が速くなった現在、気候変動によるわずかな生産量の変動に対してでも穀物市場が過敏に反応し、大幅な価格変動をもたらすこともあり得ます。このような影響の連鎖は、日本の食卓に影響するばかりでなく、食料を自給できずになけなしの外貨で食料を輸入しなければならない開発途上国の貧困を悪化させてしまいます。

気候変動への広義の適応とは、今後の食料生産・流通体制の頑健性を高めること、に要約できます。国内的には温暖化環境下で地域資源を有効に活用できるような農業生産を目指すことが重要です。一方、国際的には、安定的な農業生産技術を提供するとともに、生産変動に対して頑健な社会を目指す必要があります。現在は、全球的には食料が足りているにも関わらず、9億人以上が栄養不足にある状況です。気候変動を契機として、様々なスケールで農業システムや社会システムの変動要因を理解し、賢い選択を行うことが望まれます。

影響まとめ

- 将来の気候変化が作物の生産力に及ぼす影響は、地球全体では大きくないものの、地域間で大きく異なることが予測されている。中高緯度地方にある先進国では深刻な影響が少ない一方、低緯度地域では大きく減収する地域がある。これにより、食料事情の南北格差が拡大し、貧困が深刻化することが懸念される。
- 特に現在でも貧困に苦しむアフリカ地域への影響は深刻で、飢餓人口の増加が懸念される。

この他オーストラリア、南米の乾燥地域、ヨーロッパやアジアの低緯度地域においても、高温、干ばつ、洪水などの被害の増加が予測されている。

・温度の上昇は、多くの農作物、畜産物に影響を与えるが、影響の現れ方は様々である。多くの農作物で共通に見られるものは、作物の生育期間の短縮であり、生育期間の短縮は成長量の不足、ひいては減収につながることもある。

・温度上昇に伴う発育への影響は、品質にも影響する。例えば、レタス、ホウレンソウ、ダイコン、タマネギなどでは、高温に遭遇することによって、花茎が伸長する抽苔現象が見られ、品質は著しく損なわれる。また、イネ、トウモロコシ、トマト、ナスなど、子実・果実を収穫対象とする作物においては、受粉や子実の肥大期など、特定の時期に極端な高温に遭遇すると、大きな被害を受ける。

・家畜・家禽の種類によって影響の程度は異なるが、暑さによって、飼料の摂取量が低下すること、体重増加が低下すること、エサあたりの体重増加効率が低下することは、ほぼ共通して認められる。また、同じ家畜でも体重が重いほど高温の影響は大きいことが示唆される。

飼料作物生産も、主食用の穀類と同様の影響が懸念される他、寒地型の牧草では夏枯れの増加なども近年認められるようになった。

・温暖化は、低温が成長の制限要因となっているような地域においては、冷害の発生頻度を減少させたり、可能栽培期間を長くさせたりする可能性がある。しかし、冷害発生は、気温の年々変動や季節変化によって引き起こされるため、これらの動向と冷害発生の実態には注視が必要である。

・温暖化の原因となる大気 CO_2 濃度の上昇は、光合成を活発にし、収量を高める。CO_2 増加による作物増収効果を考慮すれば将来増収が見込まれる地域があるなど、生産量にも大きな影響を与える。また、増収効果は作物や品種によって異なることがわかってきた。CO_2 増加による増収効果を高めるような品種の開発など、積極的な適応も必要である。

・また、CO_2 の増加には、光合成を促進するとともに、葉の気孔を閉じ気味にする作用があり、作物の水利用効率を高め、水分ストレスを緩和する効果をもたらす。一方で、蒸散による冷却効果を低下させるので、高温障害の発生を助長する恐れもある。

・作物の栽培可能地は、温度環境と水の利用可能量に依存するため、栽培適地が移動する可能性がある。半乾燥地など、現在すでに降水量と作物の水需要が拮抗している地域では、わずかな乾燥化でも農業自体の存続が難しくなる。また、雨季の開始は栽培暦とも密接に関連する。植え付けが遅れた場合、収量が低下するなど、栽培暦への影響を通じて生育・収量に影響する。

・温暖化の影響は作物だけにとどまらず、作物の害虫、病原菌などの発生についても早期化している事例が報告されている。

・作物の耐病性は、これまでの育種で着実に向上してきたが、生育温度条件や乾燥条件によって変化することがある。気候変動条件下で耐病性遺伝子が現在と同じように有効に働くかは、注視が必要である。また、高 CO_2 条件は、根粒をエサとする害虫にプラスに働くことや、作物の虫害に対する防御機能を低下させる場合があり、高 CO_2 濃度によって病害の発生も高まることが懸念されている。

・高 CO_2 条件では、水田や湿地からのメタン放出量が増加することも報告されている。また、栽培期間中の水地温上昇は、水田からのメタン発生を著しく増大させる。温暖化、大気CO_2増加による気候システムへの正のフィードバックが生じる可能生は高い。

第六章　沿岸域への影響

茨城大学　工学部　都市システム工学科　教授　横木裕宗

一 はじめに

日本の沿岸域の特徴は、人口や経済活動が東京湾や伊勢湾、大阪湾などに面する臨海都市に集中していることです。臨海に位置する市町村の面積は全体の32％に過ぎませんが、人口は46％、工業出荷額は47％、商業販売額は77％を占めています。

日本の沿岸域が抱える主要な問題の一つは海岸侵食です。地形図の比較から砂礫海岸（砂浜）の侵食速度を求めると、年平均消失幅は１６・８センチメートルとなり、６年間で１メートルにも達することが知られています。日本の全砂浜の平均幅が30メートルであることから、単純に計算すると１８０年間で全砂浜が失われる速度です。

この激しい海岸侵食や高波浪、高潮、津波などの自然災害から人命、国土、資産を守るため、海岸線の46％、約１万５９５０キロメートルが保全の必要な海岸とされ、海岸保全構造物の建設が進められています。このうち９３２０キロメートル（海岸線の27％）はすでに海岸堤防・護岸などの海岸構造物が建設されています。

日本の沿岸域は、夏季の台風と冬季の季節風など、厳しい海象条件にさらされています。特に、7月から10月にかけて発生する台風は発達しながら日本に接近し、時には上陸して直接、暴風雨をもたらします。また、台風の通過により高潮が発生し、沿岸地域に被害をあたえることがあります。台風は年平均約30個発生し、このうち約10個が日本に接近し、約3個が上陸しています。さらに、日本周辺は地震の多発地帯であることから、海域で地震が起きると津波が発生する可能性があり、過去に幾多の津波災害が起こっています。**図6-1**（次ページ）は昭和25（1950）年度から平成16（2004）年度の約50年間にわたる港湾関係災害の発生件数（昭和31年以降）と復旧事業費の推移を示しています。台風や地震、津波による災害が頻繁に起こっていることがわかります。

世界全体で見ても、アジアのメガデルタ（ベトナム、メコン川やタイ、チャオプラヤ川下流域に広がる巨大な低平地）に代表される沿岸低平地や環礁に代表される南太平洋の小島嶼国の海岸域など、海面上昇や高波災害に脆弱とされる沿岸域が多く存在しています。世界全体で毎年高波浪による災害に1億2千万人がさらされ、1980年から2000年の間に熱帯低気圧災害によって25万人が亡くなっています。

図6-1 港湾・海岸災害復旧事業費及び発生件数の推移（由木，2005より）

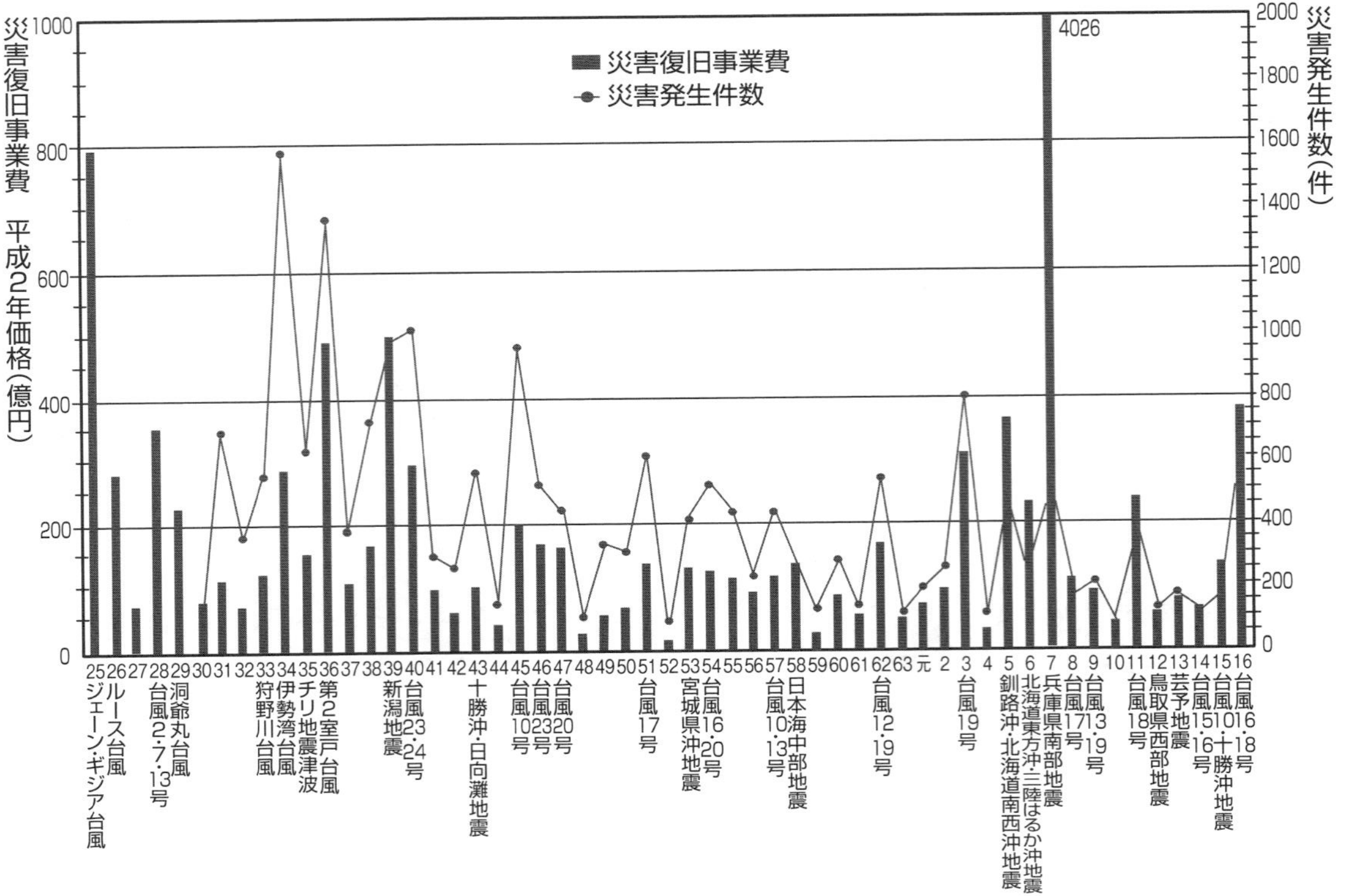

二　気候変動・海面上昇は沿岸域にどんな影響を与えるか

気候変動に関する政府間パネル（ＩＰＣＣ）の第2作業部会の報告書では、気候変動による主な影響分野の一つに沿岸域をあげています。具体的にどのような影響を与えるか、順に見ていくことにしましょう。

●沿岸において考えられる影響

気候変動・海面上昇による沿岸域災害への影響は、まずは浸水リスクが考えられます。沿岸域では海面上昇や気候変動によって、洪水や高潮による浸水・氾濫の被害を受ける人口が増加します。特に２０８０年頃までには、何百万人もの人が、毎年のように浸水被害を受けると予測されています。また、アジア・太平洋域には気候変動の影響に対して適応力の低い脆弱な地域が分布し、特に東南アジアなどのメガデルタ地域は人口が密集しているため、非常に脆弱とされています。

また、高緯度や熱帯湿地地域では、河川流量が増加すると予測されており、世界中で洪水を伴うような豪雨の発生する頻度が増加するとされています（第四章参照）。このことは、沿岸域や低平地では、河川洪水に伴う氾濫・浸水リスクが高まっていくことを示しています。特に東南アジアの沿岸域は、多くの人口が密集しているメガデルタもあり、今後高潮や河川氾濫による浸水リスクが高まっていくと考えられます。浸水リスクの他にも、海岸侵食や地下水の水位上昇や地下水・河川水への塩分侵入による構造物・生態系への影響リスクなどもあげられます。

三　リスクの大きさを見積もるにはどういう方法があるか

最初に、浸水被害による災害ポテンシャル（潜在的な、災害によって被害を受ける危険性）の考え方を紹介します。

浸水リスクには、海面上昇による平常時浸水リスクと、海面上昇に加えて高潮や河川洪水による一時的浸水リスクがあります。

まず、平常時浸水リスクとは、満潮時に海水位が地盤高を越えて、海水が陸域に侵入してくることを想定しています。我が国ではこのような被害は考えにくいですが、

表6-1　海面上昇量に対する浸水域の面積、人口、資産の全国合計値(松井ら，1992より)

単位：面積（km^2）、人口（万人）、資産（兆円）

	現状			0.3m上昇			0.5m上昇			1.0m上昇		
	面積	人口	資産	面積	人口	資産	面積	人口	資産	面積	人口	資産
平均海面時	364	102	34	411	114	37	521	140	44	679	178	53
満潮時	861	200	54	1,192	252	68	1,412	286	77	2,339	410	109
台風または津波発生時	6,268	1,174	288	6,662	1,230	302	7,583	1,358	333	8,898	1,542	378

東南アジアの広大なデルタ地帯の先端海岸部やツバルに代表される南太平洋小島嶼国では、この被害想定は現実的です。

一方、一時的浸水リスクとは、台風襲来に伴い高潮が発生し浸水するリスクや、集中豪雨によって河川氾濫が生じて沿岸域が浸水するリスクを想定しています。高潮による浸水リスクは、海面上昇により高まり、来襲する台風（熱帯低気圧）の強度が増加すればさらに高まると考えられます。日本を含むアジア地域では、比較的沿岸の低平地に多くの人口や資産が集中しているため、このリスクに備えることが重要課題です。

表6-1は、海面上昇による日本全国の総合脆弱性評価として、氾濫の危険性がある土地面積、人口、資産を指標とする影響評価を行ったものです。浸水及び氾濫地域を評価するために、3種類の潮位（平均潮位時、満潮時、満潮

＋高潮または津波時）を設定し、その潮位以下の地域を氾濫危険地域と見なして、潜在的なリスクを算定しています。

現在でも平均満潮位以下の土地に２００万人が居住し、54兆円の資産があります。これに対して1メートルの海面上昇が生じると、人口、資産ともそれぞれ４１０万人、１０９兆円に拡大します。また、旧運輸海岸（旧運輸省が管轄した海岸。主に港湾周辺域）を対象に、運輸省港湾局海岸・防災課が調査した結果では、現状の設定水位（防波堤や護岸を設計するのに用いた水位）を下回る地域の面積は６３７８平方キロメートル、そこの居住する人口は１４４４万人、資産は再生不可能有形資産と純固定資産を合わせて３８９兆円存在しています。それらが1メートルの海面上昇により、それぞれ１３８７平方キロメートル、３３３万人、72兆円増加します。

口絵5はまた別の研究ですが、東京湾、大阪湾の浸水想定域を詳しく示したものです。海面上昇（59センチメートル）だけで浸水する領域（黄緑）、それに満潮位を考慮すると浸水する領域（青緑）、さらに過去最高の高潮を考慮すると浸水する領域（青）に分けて表示しています。

ここでは、当然設置されている護岸などの海岸・港湾構造物を全く考慮していません。よって図は実際の浸水領域を示しているのではなく、「もし構造物がなければ」浸水する領域を示しており、いわば潜在的浸水域を表しています。構造物などによって防護されている沿岸域では、図で表示された浸水域は、想定被害というよりは、構造物による防護によって得られた便益を表しているともいえます。

構造物で防御されているとはいえ、これらの地域では潜在的なリスクは非常に大きく、対策の重要性を示しています。さらに、海面上昇そのものより高潮によって潜在的被害が大きく増大することもわかります。

次に、世界全体での評価結果を示します。**口絵6**は、50センチメートルの海面上昇に大潮の満潮位を考慮した水位と全球地盤高データとを比較して求めた平常時浸水域（赤）です。世界中の多くの海岸で浸水域が広がっていることがわかります。ここでも、構造物の設置は考慮していません。

気候変動に伴う浸水リスクを考える際には、平均的な海面上昇を考えるだけではなく、高潮災害、つまり台風襲来の将来予測が非常に重要となります。IPCC報告書によれば、より強い台風の発生する可能性が高いと予測されています。しかし、気候研究者の間では現在も活発な議論が交わされており、気候変動が熱帯低気圧の発生頻度・強度の変化に影響を与えることについては認識が一致しているものの、どのように変化していくのかについては個々の気候モデルによる違いが大きく議論の分かれるところで、今後の研究の進展が待たれています。

また、高潮による海面の上昇は、海面上の気圧効果に伴う吸い上げ効果と、強風によって海面上に作用するせん断応力（海面をこするような摩擦応力）による海面の傾斜効果（吹き寄せ効果）、さらに岸近傍で波が砕けることによる平均海面の上昇（砕波効果）の3つの効果の重ね合わせで生じます。このうち吹き寄せ効果による水位上昇量は、風が吹いている海域の水深に反比例するので、将来海面上昇が生じると若干小さくなることになります。

高潮以外にも豪雨に伴う河川洪水による氾濫・浸水リスクも重要です。気候モデルによる降水量の予測結果を用いた洪水リスクの評価によると、日本では最大日降水量が増加することにより、流域での流出量が増加し、今後百年間で河川洪水・氾濫リスクが高まることが予測されます（第四章参照）。

●海岸保全施設への影響と対策

日本では、砂浜は貴重な自然海岸であり、また、海岸保全施設は多くの海岸で設置されており、これらの影響への対策は非常に重要となります。温暖化が進行すると、海面上昇のみならず異常波浪や台風の発生規模・頻度が変化することが考えられるので、温暖化の海岸侵食への影響は複雑で定量的には明らかにされていません。しかし海面上昇による影響は、IPCCの予測値を用いて定量的に評価することが可能です。海面上昇による都道府県ごとの汀線（水際線）の後退量と侵食面積の推算を行った研究では、30センチメートルの海面上昇により全国の砂浜面積の56・6％の108平方キロメートルが侵食され、65センチメートルでは81・7％、100センチメートルで90・3％の砂浜が侵食されるという結果が得られています。

また、海面上昇により海岸保全施設の機能と安全性が低下することが危惧されます。すなわち、海面上昇量と堤体前面の水深増大により、打ち上げ高の増加とそれに伴う越波量（堤防を越えて入ってくる波の量）の増加が予想されます。建設省は、堤防における打ち上げ高の増大に対する天端（構造物の天頂部のこと）のかさ上げがどの程度必要か、モデルケースを想定して検討を行っています。その結果、1メートルの海面上昇に対して必要となるかさ上げは、外洋性の砂浜海岸に設置されている堤防では2.8メートル、内海の岸壁では3.5メートルと算定されました。海岸護岸の越波量に関しては、IPCCの試算した海面上昇量を用いた模型実験を行い、護岸の勾配に対する越波量の違いを検討した研究があります。勾配が5割よりも急な護岸においては、90センチメートルの上昇量で現況の5倍程度の増加量ですが、7割勾配よりも緩傾斜になると、60センチメートルの上昇量から急激に越波量が増大し、90センチメートルで約10倍となり、15割勾配では90倍にも達するという結果が得られています。

四　港湾・海岸施設の対策費用はいくらかかるか

日本全国の港湾施設と海岸構造物における1メートルの海面上昇による対策費用を算定した研究があります。前提条件を次のように設定しています。

（一）海面上昇以外に自然環境条件の変化はない。

（二）港湾および近隣都市域施設の将来の開発はない。
（三）海面上昇は突然生じるものとし、経時的なプロセスは考慮しない。
（四）1992年時の貨幣価値でコストを算定する。

潮位・波浪条件は、日本の沿岸域を4地域に分類し、それぞれに平均的潮位・波浪条件を適用しました。防護費用の算定を単純化するために、港湾施設および海岸構造物を、堤防や岸壁などの線状構造物、上屋や倉庫などの面的施設、水門や排水機場の独立施設、の三つのグループに分けました。

このうち、線状構造物に関しては、現在より1メートルの海面上昇時におけるそれぞれの建設コストを比較した、建設コストの増加率を求め、この増加率に現存施設の建設費用をかけたものを防護費用としました。面的施設についてはかさ上げ費用を、独立施設については再建設コストを算定しました。この結果、対策費用の総額は11・5兆円と算定され、そのうち7.8兆円が港湾施設のかさ上げに、3.6兆円が海岸構造物の対策に必要となりました。

また、地球温暖化に伴う海面上昇に対する国土保全研究会は、伊勢湾沿岸に5つのモデル地域を設定し、それらの地域での浸水被害や海岸・河川・港湾構造物、下水道施設や道路に対する想定被害を検討し、影響や対策費を算定しています。

モデル海岸域を設定し、海面上昇への対策として既存海岸保全施設の改修を行う防護対策と、危険区域からの住居などの移転を行う移転対策の二つをあげ、それらの対策費用を算定した研究もあります。その結果、百年後の総対策費を考慮すると、防護対策よりも移転対策の方が経済的となる地域が存在することがわかりました。

また、世界有数の地震大国である日本では、地震・津波による沿岸域への影響が、気候変動・海面上昇によりどのように変化するのか、ということを考慮する必要があります。例えば、海面上昇により地下水位が上昇し、その結果地震時に地盤の液状化が発生しやすくなるとか、豪雨の発生頻度が高くなることで山地斜面が不安定になり、地震などにより地すべり被害が発生しやすくなる、などが考えられます。

これらの現象は気候変動そのもので発生するものではなく、別の要因で生じる災害が気候変動によって被害が増大になると考えられるものです。このような災害を複合災害とよび、それらの影響についても研究が行われています。複合災害には、地震の他にも、河川水の塩水化により河川堤防の強度が変化し、洪水時の氾濫危険度が高まるとか、高潮発生時に河川洪水が生じて氾濫するなどの組み合わせも考えられます。これら複合災害によるリスクの評価も、温暖化対策には欠かせないものです。

さらに、沿岸都市域での浸水被害では、被災地の社会基盤施設の機能不全の影響が、交通網や電気・ガス・水道の供給網などを通じて被災地周辺にも波及していくことになります。2005年8月に発生したハリケーンカトリーナによるニューオリンズでの浸水被害では、製油施設が集中していたこともあり、全米のエネルギー需要に影響が出ました。そして、被災者を受け入れた地域での住宅・教育施設への投資、ひいては被災地復興のため連邦予算の削減といったように社会・経済的にも多大な影響が生じました。2011年の東北地方太平洋沖地震による津波やタイのチャオプラヤ河の氾濫によって、いまだ詳細は明らかではないのですが、沿岸域の産業基盤が被害を受け、それが少なからず世界へ波及しているのが現状です。

五　ツバルでは何が問題なのか

ここで、ツバルに象徴される環礁州島の海岸について、気候変動の影響と考えられる問題への対策について述べてみたいと思います。環礁とは、ラグーンとよばれる水深数十メートルの浅い海を、文字通り環状にサンゴ礁が囲んだ地形のことです。その環状のサンゴ礁の上に低平で細い島（州島）が連なっており、人々はその州島上で生活しています。筆者が所属する研究グループでは、マーシャル諸島のマジュロ環礁やツバルのフナフチ環礁で10年近く現地調査を行い、主に気候変動によって将来生じるであろう様々な影響とその対策に関する研究を行っています。この中で筆者は特に海岸侵食対策の研究に従事しています。

一般に環礁州島の海岸では、海岸を構成する土砂は、有孔虫やサンゴ片という礁原（リーフ）上の生物生産だけに頼っており、日本や大陸の海岸で見られるような河川などからの豊富な土砂供給はありません。また、最近の研究では、リーフ上やラグーン内の海水の水質が州島に居住する人口の増加に伴い悪化し、有孔虫やサンゴ礁の生育にも悪影響を与えることがわかってきました。つまり海岸侵食、海岸地形変化の観点からいうと、環礁州島の海岸は極めて脆弱なのです。

一方で、海岸前面のリーフ地形は沖合からやってくる波を砕波させることで海岸に到達する波のエネルギーを大幅に減衰させる効果があります。また、沖合といってもサンゴ礁で囲まれたラグーンは直接外洋につながっておらず、それほど大きな波は生じないので、ラグーン側の海岸にとっては二重の意味でバリアがあることになります。これらのことはサンゴ礁海岸が一般の砂浜海岸に比べて侵食されにくくなっている大きな要因です。

しかし、将来海面上昇が顕著になると、リーフ地形による砕波の効果が薄れていくことになり、これまで安定的だった砂浜の底質の動きが活発になり、場所によっては海岸侵食が顕在化するかもしれません。このような海岸侵食への対策としては、州島周囲の漂砂環境を正確に把握し、あらかじめ侵食されそうな海岸には突堤などを敷設したり、あるいは砂浜に植生を植えたりして波浪に伴う底質の移動を阻害するなどの方法が考えられます。しかし、日本の海岸で見られるような離岸堤や防波堤のような波消し構造物の敷設は、短期的には波浪のエネルギーを効率的に減衰させるなど砂浜の安定化に効果的ですが、リーフ上の生物生産による海岸への土砂供給を阻害するので、結局は海岸を侵食させることになり、適切な対策ではありません。どのような方法が最も効率的に海岸を護れるのか、鋭意研究しています。

●人口増加による生活区域の拡大も問題に

環礁州島では、狭く低平なため河川などはなく、生活や農業用の淡水資源は雨水に頼っています。ツバルやマーシャル諸島マジュロ環礁は比較的降水量の多い気候区に属しているので、州島の中でも幅が広く比較的標高の高い場所では、淡水レンズとよばれる現象が生じて地面の下に豊富な淡水資源が存在しているところがあります（第四章参照）。これらおよび周辺の州島ではこの淡水資源をうまく使うことで生活を成り立たせることができます。しかし、近年の人口増加により生活排水が大量に地下に流れ込むようになり、地下水の汚染が問題となっています。また、将来の海面上昇により、さらに海岸侵食が生じることで州島の幅が減少することにより、淡水レンズの容量が小さくなって水資源不足に陥ることも考えられます。

ツバル（フナフチ環礁・フォンガファレ島）では、ほぼ毎年2月から3月頃の大潮の満潮時に、島の低地の地面から海水が湧き出てきて数時間の間浸水状態になるという現象が起きます。新聞やテレビなどでも報道されたのでご存じの方も多いと思います。これは、潮位の上昇に伴って州島の地面の下のサンゴ礁を浸透してきた海水が地面からわき出てくることによって生じるもので、潮位が地面より高くなって海岸から直接海水が流れ込んでくるのではありません。また、浸水状態になるのも州島の低平な部分に限られています。

環礁州島での居住では、通常リッジとよばれる島内でも小高くなったところに住居が集まっています。しかし、ツバルでは1980年代に急激な人口増加が生じたため、州島内のリッジでは足りなくなり、本来は居住に適さないとされた、より低地へ居住地が拡大していったという経緯があります。一方で海面上昇については観測データの取得期間が短いこともあり、過去数十年間で上昇傾向は見られるものの、浸水状態に顕著に影響を与えたと思われるような明瞭な上昇は検出されていません。これらのことから、我々研究チームでは、海面上昇の影響を否定はしませんが、居住区が浸水状態になった要因として、生活区域の拡大も大きく寄与していると考えています。

ところで、浸水現象を止めるための対策は容易ではありません。海水が地下のサンゴ礁を透過してきているので、防波堤や護岸などは役に立たず、島を厚くする他に方法がありません。こうしたことからも州島の海岸が侵食されてなくなっていくことは由々しき事態であり、海岸侵食対策は非常に重要なのです。

表6-2 適応策の計画・実施の考え方（Nicholls et al., 2007を改変。日本語訳は横木）

沿岸域の適応策	適応の目的	適応の方法	適応策の例
防護	海岸線の防御力の強化	海岸線創出・前進	埋立
			干拓
		海岸線保全	砂丘
			養浜
順応	より弾力的な沿岸域利用		洪水に強い建物
			浮体構造物の利用
	危険情報伝達や災害への備えを改善	コミュニティに着目した対策	ハザードマップ
			洪水警報
撤退	適応能力を増加させる	海岸線の撤退	土地利用の再配置
		ある程度の対策	その場しのぎの護岸建設
		何もしない	モニタリングのみ
	適応能力が減少する傾向を修正	持続可能な対策	湿地の回復

六 適応策は防護、順応、撤退に分けられる

IPCCの報告書によれば、沿岸域における適応策は、防護、順応、撤退に大別されます。**表6-2**は、IPCCの第4次評価報告書の第2作業部会の沿岸域・小島嶼国の章に掲載された沿岸域の適応策の考え方です。

防護とは、地球温暖化の影響を構造物等で防ぐことで、堤防や護岸の天端をかさ上げして高波・高潮災害を防ぐというのがこれに相当します。東京湾、大阪湾、伊勢湾をはじめとして日本では人口や資産が海岸線付近の地域に集中しています。ただし、

海岸の環境や利用面を考慮すると、護岸や堤防の形状などを工夫することによって、単なる天端のかさ上げにならないような技術開発の余地があります。防護策のオプションとしては、海岸・港湾施設の整備、改良、設計基準の変更、排水システムの強化、河川・海岸の総合的土砂管理（サンドバイパス、養浜）などがあります。

順応とは、浸水などが起こっても実際の被害に至らないように生活様式や利用方式を工夫することです。また、ハザードマップを作成して、避難態勢を整えるのもこれに含まれます。順応は、想定を越える高潮のような外力に対しても対応しやすいという長所を持っていますが、日常生活を含めて、人間活動はある程度の制約を受けることになります。順応策には、建築様式の変更（建築物のかさ上げ、セットバック）、干潟のかさ上げ、漁場海底の覆砂、水揚げ魚種の変更に伴う漁港施設の建て替え、内湾・河口域での開削・攪拌による水温調節、総合的沿岸域管理、迅速な避難支援、地域防災力強化（情報提供、共有）、災害復旧基金、補助金の創設、浸水保険制度、モニタリング（長期、リアルタイム）など、多種多様にわたります。

住民がいない地域や、人口が極めて希薄な地域においては、防護することなしに撤退し、自然に任せて高潮や海岸侵食を受け入れることも可能性の一つとなります。また、ただ撤退するだけではなく、影響のモニタリングをしつつ、その場その場で適切な構造物を設置することも、広い意味で撤退といえます。さらに、撤退した海岸域に湿地などの自然環境を回復させるなどの対策も含まれるでしょう。オプションとしては、土地利用の変更・規制（緩衝帯の設置、遊水池などの設置、住居などの移転）、モニタリング（長期、リアルタイム）などがあります。

防護、順応、撤退という適応策は、単独で用いるだけではなく、組み合わせて進めることも考えられます。特に、高潮などに対する現状の目標レベルに対しても海岸の防護が完成していないのに、さらに台風の強度の増加を含む将来の不確実な外力レベルに対してまで、すべての海岸の防護水準を上げることは不可能でしょう。こういった状況では、ある程度のレベルまでは構造物などによって完全に防護するが、それを越えた外力に対しては、順応策を取り入れて被害を最小にするという考え方が必要です。

一方、気候変動の影響は広い範囲に及ぶため、上で述べたように、複数の影響が重なって多重で複雑な影響が現れるのが現実でしょう。そうした意味で、気候変動の影響は多くの場合、複合影響であることに特徴があります。影響が複合的であれば、その対策の考え方にも注意を要します。

副次的な効果（コベネフィット）や多重の効果を持つものが期待される一方、個々の影響に対する対策がトレードオフになる場合も想定されます。例えば、海岸侵食対策として行ったダムの堆砂流出によって、河川中流域の河床上昇に伴う洪水危険度の増加が考えられます。望ましいのは、多面的効果を持つ一石二鳥、一石三鳥の対策です。

七 おわりに ―― 適応策を計画的に実施するためには

地球温暖化に対する適応策の実施に際しては、重要沿岸域から実施するなど、手遅れにならないように計画的にすることと、他方で、事前の対応が過剰になって無駄な投資にならないようにすることが重要です。**図6-2**（次ページ）は、防護を念頭に置いた場合の、地球温暖化への適応策の実施のタイムスケジュールを示すものです。

堤防や護岸の天端高を念頭に置くと、左端はすでにある構造物を建設した時点での必要天端高を示しており、実際には設計上多少の余裕を持たせるための余裕高を加えて建設されています。その後の海面上昇によって、現在の必要天端高は若干上昇しています。また、現状では不確定ですが、台風の強度の増加等も起こりつつある可能性

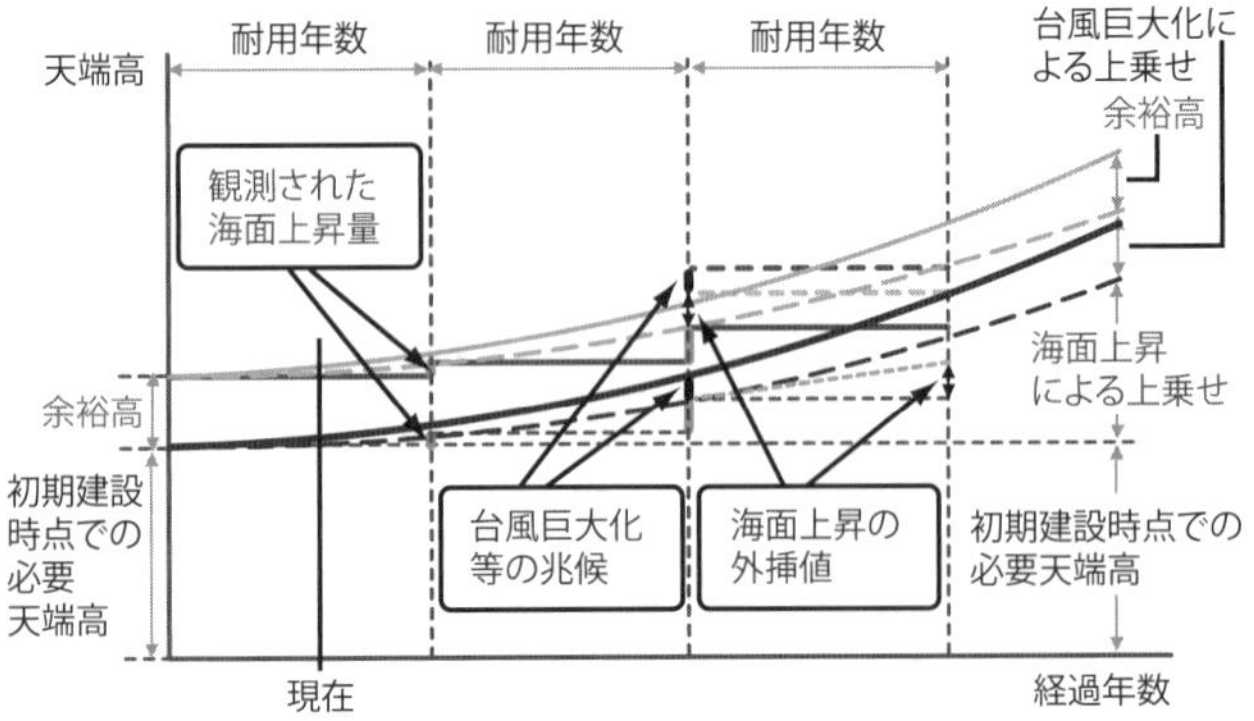

図 6-2 地球温暖化に対する漸近的適応策（磯部，2008 より）

があります。それらによって必要天端高が上昇する様子を、右上がりの曲線が表しています。それらは今のところ余裕高に吸収される程度であると考えられるので、構造物の機能は所定の水準を保っています。

しかし、やがては機能水準が不十分となります。そこで、現在の構造物の更新や災害復旧の際に、まずはそれまでに実際に観測された海面上昇分を取り入れて、更新時期での最新の海水面高を使って設計を行うようにします。これで起こってしまった海面上昇への対応がなされたことになります。さらに後の更新時には温暖化が進行し、その影響がより明確になるでしょうから、海面上昇の実績だけでなく耐用期間中の上昇予測値も加えたり、さらには台風の強度の増加の現象が明らかであればその分も加えたりして、設計を行います。このようにして、適応が手遅れになることもなく、また、無駄な投資に終わることもなく、将来予測に関する不確実性も取り入れながら漸近的に行われていくことになります。

日本では、1990年代に地球温暖化の影響と対応策の検討が、学問的、さらに行政的課題として盛んに行われました。しかし、地球温暖化の科学の不確実性が障壁となったせいか、当時検討されていた対応策が着実に実施に移されてきているとはいえないように思われます。地球温暖化が明確に認識されるようになってきた今、それに対する対応の長期的な見通しをぜひ持たなければなりません。

影響まとめ

・沿岸域では海面上昇や気候変動によって、洪水や高潮による浸水・氾濫の被害を受ける人口が増加する。特に2080年頃までには、何百万人もの人が、毎年のように浸水被害を受けると予測されている。アジア・太平洋域には気候変動の影響に対して適応力の低い脆弱な地域が分布し、特に東南アジアなどのメガデルタ地域は人口が密集しているため、非常に脆弱とされている。

・高緯度や熱帯湿地地域では、河川流量が増加すると予測され、世界中で洪水を伴うような豪雨の発生する頻度が増加するとされている。このことは、沿岸域や低平地では、河川洪水に伴う氾濫・浸水リスクが高まっていくことを示している。

・浸水リスクの他には、海岸侵食や、地下水の水位上昇、地下水・河川水への塩分侵入による構造物・生態系への影響リスクなども考えられる。

・気候変動に伴う浸水リスクを考える際には、平均的な海面上昇を考えるだけではなく、高潮災害、つまり台風襲来の将来予測が非常に重要である。ＩＰＣＣ報告書によれば、より強い台風の発生する可能性が高いと予測されているが、どのように変化していくのかについては大きく議論の分かれるところである。

・豪雨に伴う河川洪水による氾濫・浸水リスクについては、日本では最大日降水量が増加することにより、流域での流出量が増加し、今後百年間で河川洪水・氾濫リスクが高まることが予測される。

・日本において、海面上昇による都道府県ごとの汀線（水際線）の後退量と侵食面積の推算を行った研究では、30センチメートルの海面上昇により全国の砂浜面積の56・6％の108平方キロメートルが侵食され、65センチメートルでは81・7％、100センチメートルで90・3％の砂浜が侵食されるという結果が得られている。

・海面上昇により、海岸保全施設の機能と安全性が低下することが危惧される。海面上昇量と堤体前面の水深増大により、打ち上げ高の増加とそれに伴う越波量（堤防を越えて入ってくる波の量）の増加が予想される。

・世界有数の地震大国である日本では、地震・津波による沿岸域への影響が、気候変動・海面上昇によりどのように変化するのか、といった複合災害を考慮する必要がある。例えば、海面上昇により地下水位が上昇し、その結果地震時に地盤の液状化が発生しやすくなる、などが考えられる。

・ツバルのような小島嶼国では、将来の海面上昇や、さらに海岸侵食が生じることで島の幅が減少することにより、地面の下の豊富な淡水資源（淡水レンズ）の容量が小さくなって、水資源不足に陥ることが考えられる。また、ツバルでの海面上昇については観測データの取得期間が短いこともあり、過去数十年間で上昇傾向は見られるものの、浸水状態に顕著に影響を与えたと思われるような明瞭な上昇は検出されていない。

第七章　健康への影響

筑波大学 大学院 人間総合科学研究科 教授　本田 靖

一 はじめに

温暖化の健康影響というと、暑い日が増加して寒い日が減るので、熱中症が増えて寒さによって死亡する人が減るという一見単純なものが思い浮かびます。しかしながら、人間を取り巻く生態系は複雑で、また人間が作りあげた社会というシステムもまた複雑です。「風が吹いたら桶屋が儲かる」という小咄がありますが、まさにそのようなことが起こりつつあります。誤解を恐れずにいえば、温暖化がもたらすすべてのものへの影響は、人間の健康に影響を与えるといっても過言ではないと思います。

なお、地球温暖化というのは、地球の気温が高くなるだけではなく、地域によっては乾燥化が進むし、別の地域では雨が増えるといった変化も起こすということも忘れないようにする必要があります（第一章参照）。気温のみでなく、降雨なども含めた複合的な要因で健康影響が異なるからです。

影響の大きさは、悪さをする要因（ハザードとよびます）の大きさだけでなく、影響を受ける側の感受性と適応能力にも関連します。例えば、東京に大型の台風と小型の台風が来たとすれば、大型の台風の方が大きな影響をもたらします。しかし、同じ大きさの台風でも、それが民家まで多くは鉄筋コンクリートでできている沖縄に来るのか、それとも堤防も十分でなく、暴風によって簡単に倒壊する家が多いバングラデシュに来るのかでは、犠牲者の数が大きく異なります。

感染症も、感受性、適応能力によって発病したり死亡したりする頻度が変わります。結核を例に取ると、特に新しい治療法が見つかったわけでもないのに死亡率が低下を始め、第一次、第二次の両世界大戦の時期には再び上昇に転じました。疲労、低栄養といった要因で発病者が増加したのです。ですから、例えばマラリア流行地のまわりで温暖化によってマラリアを媒介する蚊の棲息範囲が広がっても、その地域でどの程度大きな流行が起こるかは、簡単には決まらないのです。

二　温暖化により世界中で死亡が増えている？

すでに生じている温暖化による健康への影響について、世界的な評価がなされていますので、まずそれを紹介しておきましょう。代表的なものが、世界保健機関（ＷＨＯ）

の主導で行われた気候変動の影響研究で、2004年に出版されています。この中では、世界の気温がこの数十年間で上昇傾向を示していることが述べられ、1961〜1990年の平均的な気候を基準として、温暖化した時にどれほど死亡と病気の負荷が増えたかを見ています。ただし、すべての影響を評価することは不可能なので、直接的影響として心血管系の病気、食物や飲み水による影響として下痢、動物媒介感染症としてマラリア、自然災害の影響として不慮の事故や意図しないけが、農業生産の低下による影響として低栄養を取り上げています。ここでは影響の大きさを超過死亡（温暖化が起こらなかったと仮定した場合に比べてどの程度死亡が増加したか）と、死亡だけでなく健康の障害まで考慮に入れたDALYs（Disability-adjusted life years）という指標で評価しています。

以下、超過死亡による影響を見てみます。2000年現在で影響の大きな順に低栄養で7万7千人、下痢で4万7千人、マラリアで2万7千人となっています。地域としては、人口の大きい東南アジアが最も大きな影響を受け、アフリカがそれに続きますが、単位人口あたりで見るとアフリカの影響が最も大きくなりました。低栄養、下痢による死亡は主に子供に起こるため、この結果から、地球温暖化は熱帯地域にある途上国の子供たちに最も大きな影響を及ぼすことが伺えます。

三 暑さによる直接的な影響

先進国でも大きな問題になっているのが高気温による直接の影響です。２００３年には、記録的な猛暑のために、ヨーロッパで3万5千人という大きな超過死亡が観察されました。

(一) 熱中症の患者が増える

人間の細胞は、通常の体温で最もよく働くようになっており、体温が40℃を越えると、細胞がうまく働かなくなります。それを防ぐために、高気温になると血液を体表近くに多く配して熱の放散を高め、それでも足りないと汗をかきます。このような状態が続くと、循環する血液の量が減って心臓のポンプ機能が低下し、また血液が濃縮されて粘り気が高くなって心臓の負担が増すために、熱疲労という状態になります。さらに長時間高温環境にさらされるとついには体温調節ができなくなる熱射病という状態になり、死亡することもあります。汗をかいた時に、水だけを補給して塩分が不足すると、熱けいれんを起こすこともあります。熱疲労、熱射病、熱けいれんの三つを合わせて熱中症とよぶことがあります。

典型的な高気温の影響は、元気な若者にも起こりますが、体力の衰えた老人や、心臓・肺に病気を持っている人たちは、元気な人たちが熱疲労や熱けいれんですむ程度の気温でも、死亡することがあります。

地球温暖化が進むと当然高気温の日が増え、熱中症の患者数が増加すると考えられます。日本に関していえば、過去のデータから次のことがわかっています。２０００年以降、札幌市、仙台市、東京23区、静岡市、名古屋市、大阪市、広島市、福岡市の動向をみますと、増減はありますが、救急搬送された熱中症患者数は増加傾向にあります。

湿球黒球温度（wet-bulb globe temperature、ＷＢＧＴ）という、湿度と日照を加味した指標を用いてやると、東京、静岡、名古屋、大阪、福岡の各市で、概ね29℃を越えるあたりで熱中症搬送数が増加し、高齢者では30℃から気温が高くなるにつれて増加が急激になっていました。

患者のうちわけをみますと、２００７年のデータでは最も割合の高いのが高齢者でした。どの年齢でも男性が多く、特に働き盛りの年齢では女性の4倍以上でした。また、高齢者は中等症から重症の割合が高いこともわかりました。高齢者は、半数以上が自宅（居室）で熱中症を起こしており、暑い日に外出を控える、というだけでは不十分であることが伺われました。高齢者は、心肺機能が低下している場合が多く、また暑さを感じにくい、喉の渇きを感じにくいという特徴があるため、影響を受けやすいのです。

これらのことから、自覚症状に頼らず、気温が高くなる時には水分を十分取ること、非常に暑い時にはエアコンを使用することが大切です。冷房は体に悪いと考える人が多いのですが、30℃を大幅に超えるような暑さは、津波などと同じような災害であると考えて、しっかりと適温（例えば28℃）に調節すべきなのです。乾燥のしすぎが嫌な場合は、マスクなどを使用するのが効果的です。

自治体、国レベルとしては、熱波警報システムを構築することが重要です。環境省はすでに熱波に関する情報を発信するシステムを構築してありますが、超高齢社会を迎え、単身の老人世帯が増加しつつある状況では、適切な情報がそういった、必ずしもインターネットや携帯電話を使いこなしていない方々にも届き、実際に水分の補給、エアコンの使用ができるシステムが必要です。

個人的な考えになりますが、さらに一歩進んだ対策として、以下のような対策が必要だと思います。熱波の時、多くの家庭でエアコンを使用すると、電力供給量が不足して停電する恐れがあります。また、温暖化で台風の威力が増すと、そのために送電線が切断される可能性もありますし、大地震で発電所が停止することも考えられます。このような場合には、部屋にエアコンがあっても動きません。また、エアコンのない家に住んでいる方々もいます。このような状況に対応できるように、例えば町内会レベルで公民館にエアコンを完備し、太陽光発電システムや燃料電池システムなどで動かせるようにすれば、CO_2排出削減にもなりますし、熱波以外の緊急時にも安心です。

(二) 暑くて亡くなる人が増え、寒くて亡くなる人が減る?

すでに述べたように、気温が非常に高いと循環系に負担がかかり、最終的には死亡することがわかっています。逆に、低気温にさらされると、手足を冷たくし、ふるえを起こして体温を保とうとしますが、それでも足りない場合には体温が下がり、やはり死亡することがあります。日本では暖房が普及していますので、泥酔して戸外で眠ってしまうなど、特殊な例でない限りこのような凍死が起こることはまれだと考えられます。しかし、暖かい部屋から寒いトイレや風呂に行った時に血圧が上昇して脳卒中を起こす、あるいは冬場にインフルエンザが流行する、といったことから、春や秋などの快適な気温の季節に比べると寒い時期には死亡のリスクが高くなります。

これを集団で観察しますと、ある気温で死亡率が最低になり、その両側では気温が極端になるに従って死亡率も高くなるというV字型を示します。このことは、日本のみでなく、世界各国で認められる現象で、台湾の高雄やベイルート、中国の広州といったかなり暑い地域でも認められます。

日本では、北海道を除いて多くの都府県では低気温での死亡率の方が高いため、単純にこのV字型で死亡率が決まるとしますと、温暖化で高気温の死亡数が増加するよりも低気温の死亡数が減少する方が大きいために、差し引きでは好影響を与えるのではないかと考えられていました。また、極端な気温で亡くなる方は高齢者や病気を持っている人が多いため、気温が極端でなくてもどのみちすぐに亡くなってしまったであろう（もうすぐ落ちる実を直前に刈り取る、という比喩から刈り取り効果ともよばれます）という報告もありました。しかし、２００３年のヨーロッパで起こった熱波による超過死亡では、少なくとも数日間の刈り取り効果といった短期的な影響のみでないと結論づけられました。一方、寒さの影響についてですが、最近の私たちの研究で、「冬」という季節には死亡率が高いものの、12、1、2月それぞれに分けて観察しますと、気温と死亡率には関係がないことが明らかになりました。この理由の一つはインフルエンザが冬に流行することによります。ひとたび流行が起これば、北海道でも鹿児島でも流行が広がりますから、例えば2℃温暖化して冬の気温が平均で2.3℃上昇したとしても、死亡率が低下すると単純には考えられない、ということになります。このように、寒さの影響はまだまだわかっていないことが多く、その温暖化による影響を推測するのは困難です。

V字型はどの地域でも見られると書きましたが、死亡率が最低になる気温（至適気温と呼びます）は、地域で異なります。私たちは様々な指標を調べて、それぞれの地域の、1年３６５日の日最高気温のうち、低い方から82％あたりのところの気温（日最高気温の82パーセンタイル値といいます）が、概ね至適気温になることをみつけました。

この関係を用いれば、日別の死亡数がわからない途上国でも、気温が何度を超えれば超過死亡が起こるかがわかりますので、全球の気候モデルから高気温による超過死亡の将来予測を行う目処が立ちました。

(三) その他の直接的な影響

気温が高い日の方が、低い日よりも自殺死亡率が高いという報告があります。メカニズムは不明ですが、英国での発表に続き、日本でも、韓国でも同様の傾向が報告されています。もしも因果関係があるとすれば、温暖化によって自殺も増加することが予測されます。

死亡以外にも、高気温は様々な影響を引き起こします。死亡に至らなくても、熱中症で入院することもあるでしょうし、それほどひどくなくても、体調は悪くなります。熱帯夜などでは暑さのために睡眠が妨げられることも問題になります。一方、国際標準化機構（ＩＳＯ）は、暑熱下での労働では、暑いほど作業時間に対する休憩時間の割合を増やすよう勧告しています。これに従うと、温暖化に伴って労働時間の短縮を余儀なくされます。また、暑い夏には睡眠効率が落ちるという報告もあり、そのことで仕事への影響も起こると思われます。

四 食べものや飲み水を通じた影響

日本は、経済的にも恵まれており、公衆衛生の基盤もしっかりしています。ですから、よほど政治が不安定にでもならない限り、低栄養や下痢の問題は非常に大きな問題にはならないと考えられます。しかし、熱帯地域の途上国においては、低栄養も下痢もすでに大きな問題になっているものです。これらが温暖化による健康への悪影響として大きな死亡の増加をもたらすと考えられます。

(一) 下痢が増える

暑くなると、海水温の上昇とともにコレラなど下痢を起こす菌の増殖速度が高くなります。食中毒を起こす細菌も夏場の方が早く増殖します。これらの理由で、温暖化によって下痢が増加すると考えられています。

前述したＷＨＯのプロジェクトで行われた温暖化による下痢の影響評価においては、

1人あたりのGDPが年間6千人ドルを越えると気温の上昇による下痢は起こらないと仮定していました。しかし、最近になって、先進国でも温暖化で下痢が増えるのではないかという論文がいくつか出されています。また、洪水の後などにも途上国で下痢が発生することがわかっていますが、その影響は推定が困難なために加算されていません。これらのことから、WHOの推定は過小評価になっていることが考えられます。

（二）食料不足による低栄養

途上国では食料の安全保障もあまりしっかりしていません。このため、温暖化の影響（必ずしも気温の問題だけでなく、干ばつや洪水の影響も考えられます）によって食料が不足すると、途上国では必要な栄養素を確保できなくなります（第五章参照）。

最も極端な場合には餓死によって死亡しますし、それほどひどくない場合でも、子供の成長が不十分になったり、免疫力が低下したりすることによって感染症にかかりやすくなります。

五　動物がうつす伝染病が広がる？

ここでは温暖化による伝染病の影響について考えてみましょう。

（一）マラリアは広がるか？

マラリアはハマダラカの体内に棲息するマラリア原虫が、そのハマダラカに咬まれたヒトの体内に入ることによって起こる病気です。直接ヒトからヒトへ伝染することはありません。そのため、ハマダラカが棲息する地域でも、マラリア原虫が存在しなければ流行は起こりませんし、ハマダラカを駆除してしまえばそれ以上の流行は防ぐことができることになります。日本でも一時滋賀県でマラリアが流行したことがありましたが、すでに根絶され、現在日本ではマラリアの流行が起こっている地域はありません。

マラリアに関しては、気候変化の状況次第で悪影響の起こる地域もあれば、逆に流行が縮小すると予測される地域もあります。マラリアを媒介するハマダラカは木や草に覆われた清流の水たまりを好むため、乾燥化が進んだり、都市化が進んだりすると棲息が困難になることがあります。この場合は生息域が縮小することもあります。しかし、ハマダラカの種類にもよりますが、棲息には月別の最低気温が一定以上であることが必要と考えられています。そのため、温暖化によって冬期の気温が上昇すると、今まで棲息できなかったマラリア流行地域の辺縁地域でハマダラカが棲息できるようになるため、流行地域が拡大することがあります。

（二）日本でも危ないデング熱？

デング熱も蚊が媒介する感染症です。マラリアと異なり、デング熱を媒介する代表的な蚊であるネッタイシマカは、古タイヤや空き缶など、ちょっとしたくぼみにたまった水があれば棲息できるので、マラリアに比べて都会などでも流行が起こりやすいのが特徴です。そのため、経済的には大きく発展を続けている都市国家のシンガポールや台湾でもデング熱の流行に悩まされています。

日本にはデング熱も流行していません。また、防疫体制もしっかりしていますので、外国で感染した人が国内で発病しても、流行が起こることは考えにくいだろうといわれています。とはいえ、病気を媒介する蚊が分布していれば、流行を起こす可能性は残ります。

国立感染症研究所の研究では、デング熱を媒介する能力を持つヒトスジシマカの分布が、日本での温暖化に伴って北上しているということが明らかになりました。現在ではすでに東北地方まで広がっており、万が一大流行すれば、その範囲は秋田県、岩手県にまで及ぶことが示されました。

（三）その他の感染症

国立感染症研究所の調査では、暑い夏に日本脳炎ウイルスに感染した豚の割合が高いことがわかりました。日本脳炎は豚を介して蚊が媒介しますので、暑い夏の方が日本脳炎に感染しやすいことになります。このことから、地球温暖化によって日本脳炎が増加するかも知れないと考えられています。

この他の感染症なども、温暖化の進行に伴って流行範囲が変化することが予測されていますが、範囲が拡大するのか縮小するのか、またそれが温暖化によるものなのか他の人為的要因（例えば森林を伐採して村を作ったことによって感染症の病原体を媒介する動物との接触が起こるなど）によるものなのかをはっきりさせるには、まだまだ研究が必要です。

六　災害などを通じた影響

健康への影響には、温暖化による自然災害の増加、大気汚染とあいまった影響なども考えられます。ここでは災害などを通じた影響を見ていきましょう。

（一）自然災害によるけが、病気、死亡

自然災害、例えば洪水などでけがや病気が増加することは明らかで、先進国においても例外ではありません。途上国では、これに加えて洪水の後に下痢などの感染症が増加することが報告されています。ですから、温暖化によって台風の威力が増せば洪水被害も拡大し、死亡者、けが人、下痢などの感染症発症者も増加することが考えられています。ただ、強い台風が増える可能性が高いことは予測されていますが、発生域、経路、接近・上陸数などの変化はよくわかっていません。温暖化そのものという

よりも、台風などの影響を受けやすい地域の人口が増えることで台風の影響が大きくなると考えられています。

（二）大気汚染との複合影響

人体に有害な地表付近のオゾンの量も気候変動によって影響を受けます。気温上昇は、水蒸気が増えることによりオゾンを破壊して減少させる効果と、植物などから発生するオゾンの原因物質である揮発性有機化合物（volatile organic compounds、VOCs）が増えることなどによりオゾンを増加させる効果をもたらしますが、汚染地域ではオゾンを増加させる効果が強いと考えられています。気候変動がオゾンの増加につながれば、呼吸器、循環器への負担により死亡者数の増加をもたらすと考えられます。ただし、結果的にオゾンがどう変化するかは、自動車などからの大気汚染の将来の変化によります。

オゾンは気体ですが、気体以外にも、エアロゾルという、空中に浮かんでいる液体あるいは固体の微粒子も大気汚染を引き起こします。例えば、ディーゼル排ガスに含まれる粒子などを含む浮遊粒子状物質（suspended particulate matter、SPM）は国の環境基準が定められ、モニタリングが行われています。これらの汚染物質については、気候変動でどう変化するかの予測は、非常に難しいと考えられています。一方、エアロゾルという意味では、スギ花粉症も考えられます。夏に暑いと、それに続く冬から春にかけてとぶ花粉の量が増加するという報告があり、今後さらに温暖化した時にもその関連が同じように飛散する花粉の量を決めるとしたら、温暖化によって患者数が増え、また重症例も増えると考えられます。様々な条件にもよりますが、私たちの試算では、2℃の増加で百億円余分に治療費がかかるという結果が得られました。

七　もっと間接的な影響は？

すでに起こっている問題として、地球温暖化で乾燥化が進むと考えられているオーストラリアの例をあげましょう。干ばつが続いたために小麦などの生産量が減ってしまい、農家の人たちの中に破産する人が増えました。そして破産した人の中から、自殺者が出たのです。もし、乾燥化が進む地域が発展途上国なら、飢饉や低栄養の問題も起こります。そうなると、子供の発育・発達にも障害が起こりますし、免疫の力も落ちてきます。

もちろん、地球温暖化は、悪影響だけを起こすわけではありません。例えば、温暖化の影響で雪が降らなくなったとします。すると、スキー場で生計を立てていた人たちは困るでしょうが、雪かきのために心臓発作を起こして死亡したり、屋根から落ちてけがをしたりして死亡する人は減ると思われます。このように、地球温暖化によって、健康は極めて広い影響を受けるのです。

ところで、このように、いくつものステップを経るような間接影響までも温暖化のせいにしてしまっていいのでしょうか？　先ほどの干ばつの例で、破産して自殺するのは、その人の経営能力が低いからで、多くの人は自殺しないから、この自殺を地球温暖化のせいにするのはおかど違いでしょうか？

次の例を考えてみてください。日本脳炎は発病すると怖い病気です。しかし、現在の日本では、感染した人のうち、発病するのは1％以下だと考えられています。99％以上の人は感染しても平気で日常生活を送れるのです。だからといって日本脳炎の原因が日本脳炎のウイルスでないと考える人はいません。日本脳炎に感染している人からは1％発病し、日本脳炎に感染していない人からは0％が発病するので、相対的な危険度は無限大だからです。これが、疫学という分野における因果関係の考え方です。

自殺の例でも、きちんと調査をすれば、干ばつの年とそうでない年で自殺者の死亡率が異なり、干ばつの年の方が多くの死亡者を出すことが考えられます。その場合、干ばつは自殺の原因と考えてよいのです。そして、地球温暖化が進んで、干ばつの頻度が増えることがはっきりしてくれば、地球温暖化と自殺には因果関係があることになります。

八　健康影響への適応策と温暖化緩和策との関係

直接の高気温・低気温による影響に関しては、室内温を調節して、屋内にいることによって完全に防ぐことができるはずではあります。しかしながら、その手段としてエアコンが有効ではあるものの、寒いくらいにエアコンをきかせることは緩和策の点から好ましくありません。三節の（一）で述べたように、エアコンの電源として太陽光発電を用いるなど、低炭素社会化を進めながら、小さな区画で独立した電源を確保することによって、大惨事を防ぐことも可能になると考えられます。

化石燃料が枯渇することを考えると、過渡的な対策ではありますが、ニュージーランドなどではコベネフィット・アプローチと称して、自動車の代わりに自転車を使うことを考えています。CO_2排出の減少で低炭素化を進め、同時に大気汚染の減少、心肺機能の強化によって現在問題となっている生活習慣病による死亡率も減少させようというものです。このように、適応策、緩和策のベストミックスを越え、相乗効果も計れるような方策を考えていくことも重要だと思われます。

逆に、緩和策としての風力発電が風車の騒音によって健康被害を起こしているのではないか、という報告がいくつか出ています。環境省も平成22年度から調査を開始しており、緩和策が健康被害をもたらさないように取り組んでいくようです。もともと地球温暖化対策は、人類が地球で生き続けられることを目指すものですから、この例に限らず、緩和策で健康を害することのないよう、注意深く行うことが必要です。

九 おわりに ―― 健康影響を調べるのは難しい

日本では公衆衛生の仕組みがしっかりしていますから、死亡はほとんど間違いなく役所に届けられます。どのような病気でどのくらい多くの人が亡くなるかを調べることはそれほど難しいことではありません。しかし、日本ですら、日本全体で何人が熱けいれんで入院したか、あるいは治療を受けたかを知ることはできません。そのような統計がないのです。病気を診断して、それを届ける義務を国が定めているのは、インフルエンザや日本脳炎といった重大な感染症などに限られていて、重大な病気のなどでも、国への報告義務はありません。もちろん、広い意味の健康保険に加入している人を治療した場合は、保険医が治療した病名を報告することになっています。しかし、健康保険の種類も一つではないですし、健康保険に関係しない場合には報告されません。

では途上国はどうでしょうか？　事情はかなり先進国と違っていて、人口ですらそれほど正確でない場合があります。また、医師も不足しているため、死亡したことはわかっても、原因がわからないことがまれではありません。ですから、現地に行けば、飢饉が起こっているとかコレラが流行しているとか、半定量的にわかることでも、誰かがそれを報告しなければ（そして報告されないことが多いのですが）私たちが知ることはありません。

気候変動に関する政府間パネル（ＩＰＣＣ）の第４次評価報告書は、多くの科学者が参加して多くの科学論文を基にまとめ、それをさらに科学者や各国政府が読んでコメントを行い、そのコメントにもきちんと対応して、最終的に総会で合意されたものなので、信頼に足るものだという評価を受けています。しかし、前述したように、途上国ではデータの入手が困難なために、病気等の流行に比例して科学論文が得られるわけではありません。今後さらに信頼できる報告書にしていくためには、途上国での影響評価活動を進めていき、科学論文を増やしていくことが非常に重要です。ＷＨＯもこのことを認識し、途上国が地球温暖化の健康影響を評価し、それに基づいた政策決定を行うことを容易にするための援助を行っています。

影響まとめ

・温暖化による健康への影響で、すでに生じているものについては、世界保健機関の主導で行われた研究があり、温暖化が起こらなかったと仮定した場合に比べてどの程度死亡が増加したか（超過死亡）について評価している。2000年現在で影響の大きな順に低栄養で7万7千人、下痢で4万7千人、マラリアで2万7千人となる。地域としては、人口の大きい東南アジアが最も大きな影響を受け、アフリカがそれに続くが、単位人口あたりで見るとアフリカの影響が最も大きい。低栄養、下痢による死亡は主に子供に起こるため、この結果から、地球温暖化は熱帯地域にある途上国の子供たちに最も大きな影響を及ぼすことが伺える。

・地球温暖化が進むと、高気温の日が増え、熱中症の患者数が増加すると考えられる。日本に関していえば、過去のデータから2000年以降、札幌市、仙台市、東京23区、静岡市、名古屋市、大阪市、広島市、福岡市の動向を見ると、増減はあるが、救急搬送された熱中症患者数は増加傾向にある。

・気温が高い日の方が低い日よりも自殺死亡率が高いという報告がある。メカニズムは不明だが、英国での発表に続き、日本でも韓国でも同様の傾向が報告されている。もしも因果関係があるとすれば、温暖化によって自殺も増加することが予測される。

・高気温によって死亡に至らなくても、熱中症で入院したり体調が悪くなる可能性がある。また、熱帯夜などでは暑さのために睡眠が妨げられることもある。国際標準化機構は、暑熱下での労働では、暑いほど作業時間に対する休憩時間の割合を増やすよう勧告している。これに従うと、温暖化に伴って労働時間の短縮を余儀なくされる。暑い夏には睡眠効率が落ちるという報告もあり、仕事への影響も考えられる。

・暑くなると、海水温の上昇とともに、コレラなど下痢を起こす菌の増殖速度が高くなる。食中毒を起こす細菌も夏場の方が早く増殖する。これらの理由で、温暖化によって下痢が増加すると考えられる。

・途上国では、温暖化の影響によって食料が不足すると、必要な栄養素を確保できなくなる。最も極端な場合には餓死によって死亡するか、それほどひどくない場合でも、子供の成長が不十分になったり、免疫力が低下したりすることによって感染症にかかりやすくなる。

・マラリアに関しては、気候変化の状況次第で悪影響の起こる地域もあれば、逆に流行が縮小すると予測される地域もある。

・国立感染症研究所の研究では、デング熱を媒介する能力を持つヒトスジシマカの分布が、日本での温暖化に伴って北上していることが明らかになっている。現在ではすでに東北地方まで広がっており、万が一大流行すれば範囲は秋田県、岩手県にまで及ぶことが示された。また、暑い夏に日本脳炎ウイルスに感染した豚の割合が高いことがわかっており、地球温暖化によって日本脳炎が増加するかもしれないと考えられる。

・温暖化によって台風の威力が増せば、洪水被害も拡大し、死亡者、けが人、そして途上国では下痢などの感染症発症者も増加することが考えられる。

・気温上昇は、汚染地域においてはオゾンを増加させる効果が強いと考えられている。オゾンが増加すれば呼吸器、循環器への負担により死亡者数の増加をもたらすが、結果的にオゾンがどう変化するかは、自動車などからの大気汚染の将来の変化による。

・夏に暑いと、それに続く冬から春にかけて飛ぶ花粉の量が増加する、という報告がある。今後さらに温暖化した時にも同じように飛散する花粉の量が決まるとしたら、温暖化によって花粉症患者数が増え、また重症例も増えると考えられる。

第八章　その他の影響

国立環境研究所　社会環境システム研究センター　統合評価モデリング研究室
主任研究員　高橋潔

はじめに

ここまでの章では、気候、生物、水、農業、沿岸域、健康について、地球温暖化が及ぼす影響を整理しました。たしかに地球温暖化の影響は、生物や水といった自然環境において顕著に現れますが、より人間社会に近いところでも様々な影響が生ずることが懸念されています。生活に直結した各種産業や社会基盤への影響も予想されますし、さらには移住・紛争といった国家の安全保障に関わる影響を案ずる声もあります。このような分野の影響も、地域によってはうまく適応することで大規模な実被害を回避できる場合もありますが、そうではない場合もあり、「温暖化はどのくらい怖いのか？」という相場観を得るために抑えておくべきポイントの一つになります。

本章では、ここまでの分野別の整理で扱われなかった影響のうち、温暖化リスクの全体像を得るために理解しておくべき事項の将来見通しについて整理します。

二 産業への影響

温暖化が世界各地の一次産業（農林水産業）に及ぼす影響、ならびにそれが国内・国際市場での交易を通じて経済に及ぼす影響に関しては、第五章（農業）を中心に第二章（林業）や第三章（水産業）で概観しました。しかし、温暖化は一次産業だけでなく、二次産業（製造業・鉱工業）・三次産業（商業・運輸・保険等）にも影響を及ぼします。

二次・三次産業は、先進国ではＧＤＰの95%以上を、開発途上国でもＧＤＰの50〜80%を占めており、雇用安定・経済成長の基盤となっています。その観点からも影響の把握は重要です。しかしながら、産業への影響に関しては、定性的な検討は様々行われていますが、定量的な評価はまだ不十分です。これは、気候だけでなく数多くの要素が同時に関わり定量的な評価が難しいことが大きな理由と思われます。

●製造業・鉱工業

例えば、工業について考えると、温暖化により洪水・台風の強化が生じた場合、生産施設への直接的被害に加え、物資・製品の輸送の混乱を通じても影響が生じます。また、水資源・水需要の変化が工業用水の確保に影響を及ぼす地域も出てくるものと思われます。地域によっては、水資源制約が緩和される方向に変化するところもあるでしょう。労働環境の変化にも留意が必要です。建設業の屋外作業は熱中症が生じやすい労働環境の代表ですが、その他にも、炉や加熱された製品がある工場なども一般環境より高温多湿の場所が多く、やはり注意が必要です。

一般的に先進国の大企業では、(投資家・株主の支持を得られる範囲内で)極端現象を含む気候変動性に対するリスク管理が事業戦略・企業運営の中に組み込まれていると考えられるため、軽微な気候変化に対する脆弱性は小さいと予想されますが、大幅な気候変化にも対応するためにはさらなる対策が求められることになるでしょう。

食品加工や紙・パルプ製造などの部門では、その原材料(農業や林業)が気候変化の影響を受け、結果的に工場立地の条件などに影響が現れる可能性があります。一方で、清涼飲料水や冷暖房器具の製造など、気候変化に伴う需要変化を通じて影響を受ける産業もあります。世界経済のグローバル化の速度、生産技術の進歩、資源の枯渇などの社会・経済因子が同時に関わるため、長期の将来見通しを得ることは困難ですが、地域間の生産条件の優位さに変化が生じることで、生産拠点の移動といった対応が求められる可能性があります。

●エネルギー生産部門

エネルギー生産部門は、産業の中でも特に気候変動に対する感度が高いと考えられています。需要側の定性的傾向としては暖房需要の減少・冷房需要の増加が予期されますが、冷房がもっぱら電力をそのエネルギー源とする一方で、暖房については地域・経済・用途により電力に加えて石炭・石油・ガス・バイオマスなども多く用いられています。その結果、冷暖房需要の変化はエネルギー源のシェア変化を誘起する可能性があります。世界全体で見た場合に、暖房需要の減少による便益が、冷房需要の増加による損害をいくらか上回ると見積もる研究もありますが、損得については地域差があることに注意が必要です。例えば我が国を例に考えても、北海道・東北と九州では影響の現れ方に大きな差があることは理解に難くないと思います。

エネルギー産業は、需要側だけでなく、生産側でも影響を受ける可能性があります。特に再生可能エネルギーについては、降水・風量・日射等の影響を受けやすいと考えられています。降水の空間・時間分布の変化により水力発電ポテンシャルに影響が生じうることは第四章でも紹介したとおりです。極端現象が激化した場合の送配電インフラへの影響、永久凍土の融解に起因する地盤沈下による地中パイプラインや発電施設への影響も懸念されています。

やや複雑な問題に北極海での油田開発の活発化があります。海氷の融解の進行が一因となり、地球上の未発見の石油資源の4分の1が埋まっているともいわれる北極海の油田開発が活発化しています。エネルギー資源の観点からは好影響といえますが、開発に伴う北極周辺の生態系破壊が懸念されること、採取された石油の燃焼が温暖化をさらに加速させることなどは悪影響と考えるべきでしょう。

極端現象への備え、エネルギー供給源の多様化、地域間ネットワークの拡大などの各種措置・戦略をとり得ることから、エネルギー部門の適応能力は一般的に高いものと評価されています。ただし、戦略の実施に要する資本はエネルギー価格上昇を通じて利用者に転嫁される必要があるため、実際にどの程度の適応が見込めるのかは、その判断に用いられる温暖化リスク情報の入手可能性に強く依存すると考えられています。

●観光

スキー・海水浴・避暑地などに顕著ですが、観光産業は文化資産・歴史資産などと共に、気候とも密接に関わりを有しています。温暖化に伴い、国際的・国内的な観光客の流れに変化が生ずると予想されますが、好影響・悪影響がどこに現れるかはまだよくわかっていません。多くの旅行者に比較的温暖な気候を期待する傾向がある一方で、過度の高温は敬遠される可能性もあります。具体的な評価事例としては、例えば我が国についてもスキー利用客数と気温に関する統計的分析が行われており、現在に比べて気温が3℃上昇すると、北海道と標高の高い中部地方以外では、ほとんどのスキー場で利用客が30%以上減少すると予測されています。雪不足のスキー場での人工降雪、海面上昇等による砂浜喪失に抗する養浜、過度に高温な観光地でのエアコンへの追加投資というように、ある程度の適応は見込めますが、経済性・持続可能性などの観点から限度があります。

なお、開発途上国においては、経済発展に伴って、旅行・観光への支出割合の増加が予想されます。観光への影響は、人命に直結する食料影響や自然災害の激化と比較すると見過ごされがちですが、経済面での影響という観点では無視できないものがあります。特に、観光収入に大きく依存している小国や、観光業に従事する人々にとっては、重要事項となります。

●保険

保険業は、極端な気象現象の強度・頻度の増加に伴う損害増加の影響を直接に受ける可能性のある主要なサービス分野になります。各種の保険が災害損失の影響を受けますが、特に財産保険が大きな影響を受けると考えられています。

保険料率は、過去の災害実績に基づいたリスク評価によって算定されますが、気候変動は極端な気象現象の発生に関する不確実性を増加させる（過去の災害実績による推定の不確実性を拡大する）可能性が高く、結果的に保険料を上昇させる圧力になると予想されます。制度等の理由により保険料率の引き上げができないケースも起こり得て、その場合には保険による担保対象の範囲が縮小し、代りに政府がリスク保護の役割を拡大せざるを得なくなることも予想されます。一方で、適切な料率引き上げがなし得た場合には、保険業にとって事業・売上拡大の好影響をもたらす可能性もあります。

保険業は、それ自体が地球温暖化の影響を直接に受ける業種ですが、その一方で各種の保険商品の提供によって様々な部門の温暖化影響リスクを分散するという点で適応策としての機能も大きいことには注意が必要です。保険による担保範囲の縮小は、温暖化影響に対する社会全体の適応能力の減少を意味することにも注意が必要です。

●公益事業・インフラ

上下水、エネルギー、輸送といった公益事業への影響も、社会全体に波及効果が大きいため、抑えておく必要があります。上下水への影響については第四章で紹介されており、またエネルギー関連のインフラへの影響については本章前述の通りです。

輸送については、地域によっては冬季の道路凍結・積雪の頻度低下に伴う凍結防止剤散布の減少や除雪費用の減少が好影響としてあげられる一方で、夏季の路面温度の上昇による線路の歪みや舗装路の轍の増加などの悪影響も考えられます。舗装路への影響については、もとより比較的短いサイクルでの舗装工事が必要であることをうまく利用し、通常のサイクルでの再舗装の機会に高温に強い舗装材を用いるといった、段階的・効率的な適応の可能性があることが指摘されています。空路についても、極端現象の生起の変化が、運行遅延や中止、飛行経路の変更などの影響を及ぼすことが考えられますが、定量的な分析は行われていません。

より大きなスケールの話としては、地球温暖化による北極海の海氷の範囲縮小・氷結期間短縮を受け、距離が短く、スエズ運河・マラッカ海峡などを通らずとも済む北極海航路の利用可能性の拡大が好影響として指摘されていますが、これも運輸部門への影響の一つといえるでしょう。

三 人口移動・国家安全保障・紛争・社会問題

気候以外の各種情勢が複雑に絡み合うため、気候変動問題の枠の中では捉えづらい面もありますが、気候変化が引き金もしくは一要因となり、地域社会のドラスティックな変化を引き起こすことも想定し得ます。過度に話を飛躍させてヒステリックな対応を取ることには害がありますが、その危険の性質・規模を把握しておくことは重要です。

●移住

例えば、海面上昇の影響により小島嶼において国土の維持を断念して他国に移住せざるを得なくなることは、温暖化により引き起こされる象徴的な影響の一つとしてよく取り上げられます。しかし、温暖化影響による人口移動は、海面上昇だけではなく、他の理由によっても起こり得ます。

例えば、サブサハラアフリカや北アジアでは干ばつ・水不足による耕地放棄・移住が心配されています。「移住」という言葉から想起されるイメージの一つに、「命からがら国を抜けて他国の国境付近でキャンプを張り厳しい生活を強いられる難民」というのがあるかもしれません。しかし、実際にはより多様な移住の形態があり得ます。国際移住だけでなく国内での居住地移動も移住の一種ですし、強制されての移住もあればより良い生活を求めて自発的に移住する場合もあります。また、都合の悪い期間を他所でやりすごし戻ってくる一時的移住・季節的移住もあれば、移住先に定住するものもあります。

いかなる形態であれ、大きな生活の変化を伴うことを考慮すると、移住は慎重な検討を要する問題です。安易な選択ではなく、経済的な面からも文化的な面からも「植物や動物と同様に気候変化に合わせて人間も高緯度方向に移動すればよいではないか」というものでもありません。しかし、移住を確実に避けるべき致命的被害（危険な人為的干渉の閾値を越えた結果生ずる影響被害）と捉えるのではなく、適応の一選択肢として捉え、必要な場合には無理なく移住も選び得るような条件を整える政策が大事との主張もあります。例えば、経済的な理由により、洪水リスクが高いことを承知の上で河川周辺の低地に住む人々がいます。そのような場合には、より安全な地域への移住を支援・促進する政策が望まれるでしょう。

●国家安全保障・紛争

移住とも関連しますが、温暖化影響を紛争や国家安全保障との関わりで見る視点もあります。米国国防省周辺での検討報告を見ると、温暖化によって水資源・食料資源の不足や自然災害の悪化が生じることで経済・政治が不安定化し、非合法な移民の流入や過激派によるテロが増加することを特に強く懸念していることがわかります。

序章でも議論しているように、各国の温暖化政策は自国が被る影響のみを根拠にして決められるものではなく、世界的な視点に立ち解決への糸口を見出す必要があります。しかし一方で、自国が被る影響の認知がより野心的な温暖化政策への支持を促すことも事実です。他国での影響被害に伴う社会崩壊が、移民・テロ増加の形で自国に波及するという見通しは、温暖化政策に対する民意を大きく左右するものと予想できます。

ただし、これまでに実施された検討は、温暖化影響の国防への含意に関する定性的な議論がほとんどであり、定量的に因果を扱う研究も現れつつありますが、気候以外の多様な因子が複雑に関わる問題であるゆえに、評価手法の選択に結果が強く依存するため、専門家間でも見解の一致が得られていません。「将来的な紛争解決にかかる費用と比べるならば、今のうちから排出削減に取り組む方が効率的である」もしくは「全球平均気温が□℃以上上昇すると紛争が△％増える」という主張を科学的に裏付ける定量的評価は十分行われていないのが実際です。

もとより貧困・所得格差・資源不足といった何重もの悪条件のために政情不安定な

国々において、さらに温暖化の悪影響によるストレスが加わった場合に、前述のようなリスクが高まると考えることは自然な解釈であり、国防を責務とする立場からは、最悪の状況を想定した準備・対策を訴えることは理解に難くありません。しかし、戦争の恐怖と結び付けることで急進的な排出削減策を促しているとすれば、現時点での定量的知見の不足をふまえると、扇動的に過ぎると筆者は考えます。

四 社会の結び付きの弱化・公平性の損失・発展の阻害

さらに、定量化どころか、いかなる尺度で測るべきか、というところからしてはっきりしていないものの、温暖化の脅威を議論する際に留意が必要かもしれない、有形・無形の温暖化影響もあります。測ることが困難であるゆえに、その脅威の大小については各判断者の価値観に委ねられる部分が多く、（その大小が明確でないにも関わらず）結果的に「温暖化はどのくらい怖いのか？」という全体像をも大きく左右する可能性があります。

例えば、「格差の拡大」は定量化が難しい影響の一例です。すでに本書でも各部門について示してきているように、温暖化影響は世界全体におしなべて現れるのではなく、地域・システム・コミュニティ間でその深刻さには大きな違いが生じます。概観的には、自然資源への依存度、非気候のストレスへの曝露、適応能力の違いなどを反映して、中高緯度の先進国に比べて低緯度の開発途上国においてより深刻な温暖化による被害が生じ、また同じ国の中でもすでに多くのストレスにさらされている貧困層に大きなしわ寄せが行くことが懸念されます。それは結果的に、公平性の損失・格差の拡大を意味します。

前節の「国家安全保障」とも関係しますが、格差拡大は安心・安全な社会の構築を阻害するなどの点で、それ自体が問題・悪影響であるといえます。所得分布を考慮した富の偏りや貧困などを示す指標によりこれを測る試みもありますが、多岐にわたる温暖化影響を考慮した所得分布の推定は困難であり、さらなる検討が求められます。

影響まとめ

・工業については、温暖化により洪水・台風の強化が生じた場合、生産施設への直接的被害に加え、物資・製品の輸送の混乱を通じても影響が生じる。また、水資源・水需要の変化が、工業用水の確保に影響を及ぼす地域が出てくると思われる。水資源制約が緩和される地域もあるだろう。

・食品加工や紙・パルプ製造などの部門では、原材料（農業や林業）が気候変化の影響を受け、工場立地の条件などに影響が現れる可能性がある。一方で、清涼飲料水や冷暖房器具の製造など、気候変化に伴う需要変化を通じて影響を受ける産業もある。

・エネルギー生産部門では、暖房需要の減少・冷房需要の増加が予期される。冷房がもっぱら電力をそのエネルギー源とする一方で、暖房については地域・経済・用途により電力に加えて石炭・石油・ガス・バイオマスなども多く用いられている。冷暖房需要の変化はエネルギー源のシェア変化を誘起する可能性がある。

・エネルギー産業は、生産側でも影響を受ける可能性がある。特に再生可能エネルギーについては、降水・風量・日射等の影響を受けやすいと考えられる。極端現象が激化した場合の送配電インフラへの影響、永久凍土の融解に起因する地盤沈下による地中パイプラインや発電施設への影響も懸念される。

・観光産業は、文化資産・歴史資産などと共に、気候とも密接に関わりを有している。温暖化に伴い、国際的・国内的な観光客の流れに変化が生ずると予想されるが、好影響・悪影響がどこに現れるかはまだよくわかっていない。

・保険は災害損失の影響を受けるので、気候変動は保険料を上昇させる圧力になると予想される。特に財産保険が大きな影響を受けるだろう。制度等の理由により保険料率の引き上げができないケースでは、保険による担保対象の範囲が縮小し、代わりに政府がリスク保護の役割を拡大せざるを得なくなる。一方で、適切な料率引き上げがなし得た場合には、保険業にとって事業・売上拡大の好影響をもたらす可能性もある。

・輸送については、地域によっては冬季の道路凍結・積雪の頻度低下に伴う凍結防止剤散布の減少や除雪費用の減少が好影響としてあげられる。一方で、夏季の路面温度の上昇による線路の歪みや舗装路の轍の増加などの悪影響も考えられる。空路についても、極端現象の生起の変化が、運行遅延や中止、飛行経路の変更などの影響を及ぼすことが考えられる。

・地球温暖化による北極海の海氷の範囲縮小・氷結期間短縮を受け、距離が短く、スエズ運河・マラッカ海峡などを通らずともすむ北極海航路の利用可能性の拡大が、好影響として指摘されている。

・サブサハラアフリカや北アジアでは、干ばつ・水不足による耕地放棄・移住が心配されている。

・米国国防省周辺での検討報告では、温暖化によって水資源・食料資源の不足や自然災害の悪化が生じることで、経済・政治が不安定化し、非合法な移民の流入や過激派によるテロが増加することを特に強く懸念している。

・温暖化影響として、脅威の大小については各判断者の価値観に委ねられる部分が多いものもある。例えば「格差の拡大」はその一例である。概観的には、自然資源への依存度、非気候のストレスへの曝露、適応能力の違いなどを反映して、中高緯度の先進国に比べて低緯度の開発途上国においてより深刻な温暖化による被害が生じ、また同じ国の中でもすでに多くのストレスにさらされている貧困層に大きなしわ寄せが行くことが懸念される。それは結果的に、公平性の損失・格差の拡大を意味する。

終章　温暖化影響の全体像をどう見るか

国立環境研究所　地球環境研究センター　気候変動リスク評価研究室　室長　江守正多

包括的な情報からいかに「怖さ」を評価するか

ここまでの章では、地球温暖化の諸影響、すなわち、温暖化したら何が起こるのかを、個別分野ごとになるべく包括的に概観してきました。定性的な説明にならざるを得ない部分も多くなってしまいましたが、温暖化影響の全体像を想像する上で必要な要素を、かなりの程度網羅して提示することができたと思います。

本書の最初に述べたことの繰り返しになりますが、このような包括的な見方をすることの理由は、地球温暖化という問題に社会がどの程度真剣に、どの程度の優先度で対応するべきかを判断する際に、地球温暖化の総合的な深刻度（どれくらい「怖い」か）の評価が必要不可欠だと我々は思うからです。

●ただ一つの評価を示すことは不可能

では、いよいよ本章でそのような総合的な深刻度の評価が語られるかというと、残念ながらそうではありません。結論からいえば、本書でそのような評価をただ一つ示すことは不可能です。以下では、それが不可能であることの理由と、ではどのように考えたらよいかについてのヒントを述べていきたいと思います。

二　総合的な評価の難しさ

温暖化影響の深刻さの総合的な評価をただ一つ示すことが不可能である理由は、大きく分けて二つあります。

●現在の科学的情報は不確実さを含む

その一つめは、科学的な知見が不十分であることです。

仮に、様々な影響の一つひとつについて、温暖化がどれくらい進んだときに（例えば世界平均の気温上昇量に対して）、その影響が起こる可能性（例えば発生確率）と、それが起こったときの影響の規模（例えば被害または便益の金額）が、すべて見積もられているとしたら、総合的な評価ができるかもしれません。しかし、現実には、個々の影響についての科学的な知見は、現時点でそこまで充実してはいません。

さらに突きつめて考えると、現時点で我々がまだ想像さえできておらず、したがって項目にさえあがってきていない影響があるかもしれません。そのような未知の影響が存在する可能性は、どんなに研究を進めたとしても、原理的にゼロにはなりません。

このように考えると、我々は常に、不完全で不確実な科学的情報に基づいて総合的な評価をしなくてはならないということです。つまり、まだわからないことがあるかもしれない、ということを常に頭に置きながら考えなければならないのです。

●誰の立場かによって深刻さは異なる

温暖化影響の深刻さの総合的な評価をただ一つ示すことができないもう一つの理由は、「誰にとって」の深刻さかによって、答えが大きく違ってしまうことです。

地球温暖化を止めるためには最終的には世界全体の取り組みが必要であることを考えると、「世界全人類にとって」の温暖化影響の深刻さを評価すべきかもしれません。しかし、世界の中でも、先進国と途上国とでは温暖化の影響は大きく異なるでしょう。特に、途上国の中でも現時点ですでに自然災害に対して脆弱な国において、温暖化の悪影響は最初に深刻なものとして現れると考えられます。さらに、先進国、途上国の中でも、個々の国によって、さらには個々の地域によって、そして職種、年齢、所得などの社会的な属性によっても、影響の出方は異なります。

別の見方として、「現在の世代の人類にとって」か「将来の世代も含めた人類にとって」かによっても、答えは大きく異なるでしょう。温暖化は放っておけば時間が経つにつれて進行しますので、現在の世代が生きている間よりも、将来の世代において、より大きな影響が顕在化すると考えられます。

さらに別の見方として、「人類にとって」だけでよいのか、と問う立場もあり得るでしょう。つまり、人類だけではなく、自然生態系も含めた「いきものにとって」の深刻度を評価すべきかもしれません。自然生態系の変化が人類に直接的な被害や便益をもたらさないものまで含めて、地球温暖化によって「いきもの」が深刻な影響を受けてはいけないという立場です。

三　価値判断への依存性

このように考えていくと、地球温暖化の影響の総合的な深刻度の評価は、本質的に

「価値判断」に依存せざるを得ないことがわかります。

ここで「価値判断」という言葉は、科学的なデータや合理的な推論のみに基づく客観的な判断としては導くことができない、主観性を伴う判断を広く指して使うことにします。平たくいえば、「正しいかどうか」（客観的判断）だけではなく、「好むかどうか」（主観的判断）という要素が入った判断ということです。そのような判断は、人によって答えが異なります。

●不確実なことへの価値判断

先ほどの議論に対応して、価値判断も大きく二つに分けて考えたいと思います。一つめは、不完全で不確実な科学的情報を基にして判断する際に、その不完全さ、不確実さ、つまり「わからなさ」に対してどのような態度をとるかです（日常的な用語ではこれを「価値判断」とよばないかもしれませんが、ここでは広い意味でそうよびます）。

例えば、わからないことを考えても仕方がないので、明確にわかっていることだけが事実だと仮定して判断しよう、という態度があり得ます。逆に、わからないことが実際にどうなのか心配なので、わかっていることだけにとらわれず、なるべく何が起こっても大丈夫なように判断しよう、という態度もあり得ます。この二つの例は両極端なので、実際の判断の際の態度はこの間のどこかになるかもしれません。この間のどこになるかは、人によって違うでしょうし、どこが正しいといえるものでもありません。

また、仮に発生確率と発生した際の被害が科学的によくわかっている影響について考える場合でも、それに対する態度は価値判断によって異なります。特に、発生確率が非常に小さいけれども、発生してしまった場合は非常に大きな被害をもたらすような影響に対しては、可能性が非常に低いのだから無視して考えようという態度、発生した場合の被害が非常に大きいのだから発生してしまった場合のことを想定して考えようという態度、可能性と被害の掛け算（被害の「期待値」）を基準にして考えようという態度、などがあり得ます。これについては後に改めて論じます。

●誰にとって問題なのかという価値判断

もう一つは、配慮の対象に関する価値判断です。地球温暖化にどう対処するかという問題を考える際に、これを「現在世代の人類」の問題として考えるべきか、「将来世代まで含めた人類」の問題として考えるべきか、さらに広く「いきもの」の問題として考えるべきか、おそらく人によって答えは違うでしょうし、どれが正しいといえるものでもないでしょう。

この際、現実問題として、どう対処するかを決める意思決定に参加できる可能性があるのは現在世代の人類のみですが、将来世代の人類や自然生態系は、現在世代の人類がそれらへ配慮することを通じて意思決定に関係してきます。つまり、「将来世代の人類のことや自然生態系のことまで考えて」現在世代の人類が意思決定するということです。しかし、そのような配慮をするかどうか、あるいはどの程度するかは、人それぞれでしょう。将来世代に関していえば、子や孫の代までは配慮できるが、それより先は配慮できないという態度もあり得るでしょう。さらに狭い方向に考えれば、「他国はどうなってもよいから自国の問題として考える」態度も、さらに「他人はどうなってもよいから自分の問題としてのみ考える」態度もあり得ます。どの態度をとるかは価値判断の問題です。

このように、個々人や個々の国にとっての温暖化影響の総合的な深刻さは、価値判断に依存して様々に異なると考えられます。しかし、世界規模の温暖化対策の長期目標などを意思決定する際には、異なる価値判断を擦り合わせ、世界規模で何らかの合意形成を行う必要があります。

四 気候変動枠組条約の議論

概念的な話が続いたので、現実の世界で議論されていることに目を向けてみます。世界規模の温暖化対策の長期目標については、国連の気候変動枠組条約第2条において、条約の目的として以下のように述べられています。

気候系に対して危険な人為的干渉を及ぼすこととならない水準において大気中の温室効果ガスの濃度を安定化させることを究極的な目的とする。そのような水準は、生態系が気候変動に自然に適応し、食糧の生産が脅かされず、かつ、経済開発が持続可能な態様で進行することができるような期間内に達成されるべきである。

「気候系に対して危険な人為的干渉を及ぼすことにならない水準」とは具体的にどんな水準なのか、条約には規定されていませんが、とにかくそのような水準を超える手前で温暖化を止めましょう、ということです。これは、「危険な人為的干渉を及ぼす水準」＝「温暖化影響が実際に深刻になって人間社会がそれを受け入れられなくなる水準」という意味において、先ほどから述べている深刻度の評価と直接的に関係します。

●産業化以前の水準から2℃以内に、という国際的合意

では、「危険な人為的干渉を及ぼす水準」は具体的に温暖化がどの程度進んだ状態だと認識されているのでしょうか。２００９年にイタリアのラクイラで行われたG８サミットの首脳宣言には、

我々は、産業化以前の水準からの世界全体の平均気温の上昇が摂氏2度を超えないようにすべきとの広範な科学的見解を認識する。

と書かれています。現時点で、世界の平均気温は産業化以前に比べて0.8℃程度上昇していますので、あと1.2℃程度上昇すると、温暖化の影響を人間社会が受け入れられなくなる、という認識が示されています。引き続いて同年にデンマークのコペンハーゲンで行われた国連気候変動枠組条約第15回締約国会議（ＣＯＰ15）、翌年にメキシコのカンクンで行われた第16回締約国会議（ＣＯＰ16）の合意文書にも、同様の表現が盛り込まれました（ＣＯＰ15のコペンハーゲン合意は反対国があり採択されませんでしたが、ＣＯＰ16のカンクン合意はボリビア１国が反対したものの、これを退けて採択されました）。

このような宣言は、国際社会における何らかの合意形成過程を経た、温暖化影響の総合的な深刻度の認識の表明と受け取れます。歴史的な経緯からいうと、「温暖化を産業化以前から2℃以内で止めるべき」という認識は、１９９６年にＥＵの環境理事会の決議に登場したそうです。その後、その意味についてどれくらい議論が行われたのかはわかりませんが、前述したように、２０１０年には国連の条約交渉における合意文書（カンクン合意）に盛り込まれるまでに至りました。

五 ＩＰＣＣの報告書にはどう書いてあるか

しかし、ここでいう「広範な科学的見解」とは具体的にはどこにどう書いてあるのでしょうか。すぐに思い当たるのは、地球温暖化に関する科学的知見を総合的に評価しているＩＰＣＣの報告書です。では、２００７年に発表されたＩＰＣＣ第４次評価報告書（ＡＲ４）に、温暖化の深刻度についてどう書いてあるのかを見てみましょう。

その前に注目しておきたいのは、ＩＰＣＣ ＡＲ４統合報告書の政策決定者向け要約に書かれている以下の記述です。

国連気候変動枠組条約第2条に関係する「気候系への危険な人為的な干渉」とは何かの決定は価値判断を含む。この件に対して、科学は、情報に基づく意志決定を支援することができる。

つまり、先ほどから述べてきたとおり、科学は価値判断を伴う意思決定そのものを行うことはできず、科学的情報によって意思決定を支援することができるのみである、ということがはっきりと書かれています。この立場からすると、カンクン合意の「摂氏2度を超えないようにすべきとの広範な科学的見解」という表現は少しおかしい気がします。なぜなら、科学は「2℃を超えると何が起こるか」についての見解を示すことはできますが、「何が起こらないようにすべきか（社会にとって、何が起こってはいけないか）」についての見解を示すことはできないはずだからです。後者には価値判断が入るためです。この区別は重要ですが、ここでは指摘するだけに留めておきます。

●温度レベルごとの影響についてのIPCCの見解

その上で、少し具体的な「IPCCの見解」を見てみましょう。IPCC AR4第2作業部会の技術要約には以下のように書かれています。

・世界平均気温が1990年～2000年水準より最大2℃上回る変化は、上にあげたような現在の主要な脆弱性を一層悪化させ（確信度が高い）、また、多くの低緯度諸国における食料安全保障の低下など、その他の脆弱性ももたらすだろう（確信度が中程度）。同時に、中緯度・高緯度における地球規模の農業生産性など、一部のシステムは便益を得るであろう（確信度が中程度）。

・世界平均気温が1990年～2000年水準より2～4℃上回る変化は、主要な影響の数をあらゆる規模で増加させることになるだろう（確信度が高い）。例えば、生物多様性の広範な喪失、地球規模での農業生産性の低下、グリーンランド（確信度が高い）と西南極（確信度が中程度）の氷床の広範な後退の確実性などがあげられる。

・世界平均気温が1990年～2000年水準より4℃を超えて上回る変化は、脆弱性の大幅な増大をもたらし（確信度が非常に高い）、多くのシステムの適応能力を超えることになるだろう（確信度が非常に高い）。

ここで重要となるのは「主要な脆弱性」という概念なのですが、その説明は後回しにして、書いてあることをざっと眺めると、確かに、「2℃までの温暖化では、様々な悪い影響があるが、良い影響もある。2℃を超えると、深刻な悪影響が起こる可能性が高まる」というような意味のことが書かれているようです。ただし、ここでの「2℃」は1990年〜2000年水準を基準としていますので、産業化以前を基準とした場合に比べて0.5℃ほど高いことに注意が必要です。また、「2℃」は「2.0℃」というほどの精度を持った数字ではなく、「おおよそ2℃くらい」という程度の意味として捉えるべきでしょう。

六 主要な脆弱性

では、IPCCでは、このような総合的な深刻度の評価をどのようにして導いたのでしょうか。この際に用いられるのが、IPCC AR4第2作業部会の第19章で議論されている、「主要な脆弱性」(Key Vulnerability)という概念です。ここで「脆弱性」とは、温暖化による悪影響の受けやすさと、それに対処できない度合いのこととされていますが、文脈によっては悪影響そのものの意味でも用いられます。「主要な脆弱性」とは、簡単にいえば、様々な脆弱性があるうちで、「危険な人為的干渉を及ぼす水準」を判断する際に考慮する必要がありそうな脆弱性のことです。つまり、社会が「このような悪影響は起こるべきでない」と判断するかもしれない悪影響の「候補」、といってよいでしょう。繰り返しになりますが、「何が起こるべきでないか」は社会が決めることなので、科学が提示できるのはその候補までです。

●主要な脆弱性を特定する七つの基準

ＩＰＣＣでは、これをできる限り客観的に議論するため、多くの研究論文の中から、主要な脆弱性を特定する際に用いられ得る以下の七つの基準を抽出しました。

(一) 影響の規模

大規模な影響ほど主要と評価されやすい。この際に、被害額や被害人口などの集計基準が用いられることがある（集計基準の選び方にも価値判断が入ることに注意）。

（二）影響のタイミング

近い将来に発生する影響、時間遅れのある影響、急激に生じる影響などが主要と評価されやすい。

（三）影響の持続性と不可逆性

持続的または不可逆的な影響が主要と評価されやすい。

（四）影響の起こる可能性とその評価に対する確信度

可能性の高い影響が主要と評価されやすい。また、可能性の見積もりについての確信度が高い影響が主要と評価されやすい。

（五）適応の可能性

効果的な適応の利用可能性や実現可能性が低いほど、影響が主要と評価されやすい。

（六）影響と脆弱性の分布状況

地域、所得、年齢、性別などのグループに対して不均一な結果をもたらす影響は、衡平性の問題を提起するため、主要と評価されやすい。

（七）リスクにさらされるシステムの重要性

社会が主観的に重要とみなす対象（例えば注目されている絶滅危惧種）に対する影響は主要と評価されやすい。

●IPCCの提示した主要な脆弱性

これらの基準をもとに、IPCCAR4では、**表9-1**のように主要な脆弱性を提示しました。

本書で解説した食料供給（第五章）、小島嶼国の海面上昇（第六章）、陸域生態系（第二章）と海洋生態系（第三章）、グリーンランド氷床の融解や海洋深層循環の弱化（第一章）、強い熱帯低気圧の発生（第一、四、六章）や干ばつの増加（第一、四、五章）といった項目があがっています。それぞれがどの基準で主要な脆弱性と判断されるかと、世界平均気温の上昇に伴ってそれぞれの項目でどのような変化が予測されるかがあわせて示されています。

表 9-1 IPCC の提示する主要な脆弱性

リスクにさらされる主要なシステムまたはグループ	「主要な脆弱性」の最重要評価基準	1990 年を上回る世界平均気温の変化 0℃	1℃	2℃	3℃	4℃	5℃
地球規模の社会システム							
食料供給	分布、規模		低緯度地域で生産性が減少する穀物がある ** 中・高緯度地域で生産性が増加する穀物がある **	地球規模の生産可能性が 3℃前後まで増加し、3℃を超えると減少する *		中・高緯度で、穀物生産性が減少する地域がある **	
総市場への影響と分布	規模、分布	多くの高緯度地域で正味の便益；多くの低緯度地域で正味のコスト *			コストが増加する一方で、便益が減少する。地球規模での正味のコスト *		
地域システム							
小島嶼	不可逆性、規模、分布、低適応能力	海面上昇による沿岸浸水とインフラへの被害の増加 **					
先住民、貧困、または孤立したコミュニティ	不可逆性、分布、時期、低適応能力	すでに影響を受けているコミュニティもある **	気候変動と海面上昇が他のストレスに加わる ** 低平地の沿岸域と乾燥地域内のコミュニティが特に脅かされる **				
地球規模の社会システム							
陸域生態系と生物多様性	不可逆性、規模、低適応能力、持続性、変化の速度、確信度	多くの生態系がすでに影響を受けている ***	約 20-30%の種がますます高い絶滅のリスクにさらされる *	陸上生物圏が正味の炭素放出源に向かう **		地球規模での重大な絶滅 **	
海洋生態系と生物多様性	不可逆性、規模、低適応能力、持続性、変化の速度、確信度	サンゴの白化の増加 **	大部分のサンゴ礁の白化 **	広範なサンゴの死滅 **			
地球物理システム							
グリーンランド氷床	規模、不可逆性、低適応能力、確信度	局地的な氷河の融解（局地的温暖化によりすでに観測されている)。気温上昇に伴い範囲拡大 ***		広範な ** またはほぼ完全な * 氷河の融解が避けられない。数世紀から数千年かけて、2〜7 メートルの海面上昇 *		ほぼ完全な氷河の融解 **	
深層循環	規模、持続性、分布、時期、適応能力、確信度	地域的な弱化を含む変動（すでに観測されているが傾向は未特定)		かなりの弱化 **。グリーンランドと北西ヨーロッパに近い、北部高緯度地域における寒冷化の可能性を含む、大規模で持続的な変化が確実で・、気候変動の速度に大きく左右される。			
極端現象によるリスク							
熱帯低気圧の強度	規模、時期、分布	カテゴリー 4〜5 の暴風雨の増大 */** 海面上昇により一層悪化した影響を伴う		熱帯低気圧の強度がさらに強まる */**			
干ばつ	規模、時期	すでに干ばつが増大 * 中緯度大陸域における干ばつの頻度と強度の増加 **		極度の干ばつが陸地の 1%から 30%に増大（A2 シナリオ) * 環状モードの極地方向への移動による影響を受けている中緯度地域が深刻な影響を受ける **			

*** 確信度が非常に高い、** 確信度が高い、* 確信度が中程度、・確信度が低い

本書でここまで明示的に解説していない項目としては、「総市場への影響と分布」として、温暖化の様々な影響を市場価値ですべて合計した値についての評価が書かれています。温暖化は多くの高緯度地域で正味の便益（経済的な利益）をもたらし、多くの低緯度地域で正味のコスト（経済的な損失）をもたらすものの、温暖化が進むにつれてコストが増加すると同時に便益が減少すると考えられています。世界平均気温が1990年を基準に2~3℃上昇すると、地球全体で見て温暖化が正味の経済的な損失になると評価されています。これだけを見れば、2~3℃までの温暖化はむしろ歓迎で、温暖化を止めるための対策コストを考えると、さらに温暖化が進むことを許しても経済合理的だということになるでしょう。しかし、それは世界で合計した市場価値で見たからであって、地域や分野によって深刻な悪影響が出ることや、市場価値に含まれない価値があることを考えると、必ずしもそのようには結論できないでしょう。また、このような市場価値の見積もりは非常に粗いものであることにも注意が必要です。

本書で明示的に論じていなかったもう一つの項目は、「先住民、貧困、または孤立したコミュニティ」です。これは、先に述べた総市場への影響とある意味で対極的で、人間社会の中でも最も脆弱なコミュニティに焦点を当てた見方です。このようなコミュニティの生存基盤はすでに様々な要因（ストレス）によって脅かされているわけですが、そこにさらに気候変動の悪影響が加わることになります。もちろん、あなたがこのようなコミュニティに属していなければ、この項目を真剣に配慮するかどうかは価値判断の問題になります。一方で、このようなコミュニティに属している人にとって、世界がこの項目に配慮するかどうかは死活問題かもしれません。

●最終的な判断は社会が行う

このように、多くの人が納得し得ると期待される深刻さの基準を複数設定し、それに基づいて様々な影響を整理することが、温暖化影響の総合的な深刻度に関する判断に至るための一つの方法といえるでしょう。しかし、何度も繰り返しますが、最終的な判断は、このようにして提示された科学的な情報を基にして、社会的になされる必要があります。先ほど引用した「世界平均気温が１９９０年〜２０００年水準より２〜４℃上回る変化は、主要な影響の数をあらゆる規模で増加させることになるだろう」などの「ＩＰＣＣの見解」も、「何が起こってはいけないかの候補」に関する見解であることに注意してください。つまり、科学的に提示された「候補」を見ながら、「実際に我々は何が起こってはいけないと考えるか」を決めるプロセスが必要となるはずなのです。実際の社会では、例えばカンクン合意に「2℃」を盛り込む過程で、そのような議論が十分に行われたようにはみえません。

七 リスク管理の視点

社会がそのような判断を行う際には、実際には温暖化の影響のことだけではなく、影響にどのような手段で対処するかという対策のことについても同時に考える必要があります。例えば、避けるべき影響やそのレベルが決まったとしても、それを避ける手段がなければ仕方がありません。これを考えるにあたって、ここで「リスク管理」という考え方を導入したいと思います。

「リスク」は、しばしば、ある悪い出来事についての「発生確率」×「被害の大きさ」という掛け算で定義されます。この定義は、統計学でいう被害の「期待値」を表しています。ここでは、もう少し一般的に、「発生することが不確実な悪い出来事をリスクとよび、発生確率と被害の大きさの2つの量で特徴づけられる（必ずしも両者の掛け算だけを考えない）」としておきます。様々な温暖化影響は、この意味でリスク（温暖化リスク）と見なせます。温暖化リスクには、発生確率と被害の大きさが現時点でうまく見積もれないものも多いですが、それでもよいことにします。また、「被害の大きさ」が負でもよいことにすれば（負の被害＝便益とすれば）、良い影響もあわせて考えることができます。

●リスクを管理するための選択肢

「リスク管理」は、一言でいえばリスクと合理的に付き合うための方法論です。リスク管理が備えるべき性質としてあげられることが多いのは以下のような点です。

- 不確実性を明示的に考慮した上での意思決定として問題を扱う。
- 現時点で利用可能な最大限の科学的知見に基づく。
- 将来における状況の変化や科学的知見の変化を監視して、問題設定や判断を随時に見直す。

・考え得るあらゆる事態、あらゆる対応オプションを考慮に入れる。

ここでは、特に最後の点に注目します。「対応オプション」とは、対応の選択肢のことです。身近な例として、自動車事故のリスクを管理することを考えてみると、リスク管理のオプションには以下のようなものがあげられます。

（一）自動車に乗らない、自動車の走っているところに近づかない（リスク回避）
（二）安全運転をする、シートベルトを締める、頑丈な自動車に乗る（リスク低減）
（三）自動車保険に加入する（リスク移転）
（四）ある程度のリスクを覚悟しつつ、利便性のために自動車に乗る（リスク保有）

もしもリスクをゼロにしたいと思えば、（一）のリスク回避オプションをとる必要があります。しかし、この場合は、自動車を利用することによる便益を一切あきらめることになります。個人の選択としてはそういう立場もあり得ると思いますが、現実には、多くの人は（二）、（三）、（四）のオプションを組み合わせて、リスクを小さくしつつ受け入れ、自動車利用の便益を享受しています。

八　地球温暖化のリスク管理

では、地球温暖化のリスク管理オプションについて考えてみます。

まず、地球温暖化リスクの場合には、完全な「リスク回避」のオプションは基本的には存在しないと考えるべきでしょう。自動車事故の例は、個々人のレベルで意思決定できる問題ということもあり、自動車から完全に距離を置くという極端なオプションがあり得ましたが、一般に、社会的なリスクの場合には、リスクをゼロにすることは不可能であるか極めて難しいことが多いです。

例えば、地球温暖化のリスクをゼロに近付けようとして、世界の経済活動やエネルギー需給等の仕組みを急激に転換しようとすれば、別の社会経済的リスクが発生するでしょう。また、バイオ燃料とCO_2隔離貯留（燃料を燃やす際に発生するCO_2を地中に封じ込める技術）を組み合わせて、技術的に大気からCO_2を吸収できる可能性もありますが、大規模に行おうとすれば、食料不足や生態系破壊などの別のリスクが発生します。このように、あるリスクをゼロに近付けようとすると別のリスクが発生・増加することを、リスクのトレードオフといいます。リスクのトレードオフを考えると、他のリスクを増やさずに温暖化のリスクを回避することはできそうにありません。

●リスク低減とリスク保有が現実的

地球温暖化リスクを管理する際の主要なオプションはリスク低減とリスク保有です（適応策の一部としての保険の導入はリスク移転にあたりますが、その役割は比較的限られたものでしょう）。

リスク低減オプションとして、温室効果ガスの排出量を削減する「緩和策」と、個別の影響を低減する「適応策」のバランスを考えることが重要です。また、先ほど述べたのと同様に、温暖化リスクの低減と他のリスクとのトレードオフに注意が必要です。近年、これに加えて「ジオエンジニアリング（気候工学）」とよばれるオプションの検討が一部で盛んになっています。例えば、成層圏に人工的な塵をまいて日射を遮ることによって温暖化を打ち消すなどの人工的な気候改変のことです。これについても、もし実施した場合は副作用等の様々な別のリスクが生じることを心配する必要がありますが、リスク管理の観点からは、実施するかどうか別として、オプションとして検討しておくことには意義があります。

最後に論じておきたいのはリスク保有です。リスク保有は、日常的な感覚ではリスク管理オプションとして認識されにくいですが、実際には極めて重要なオプションです。地球温暖化のリスクをゼロにすることはできないので、ある程度のリスクは受け入れなければなりません。リスク管理の観点からは、これは社会が自覚的に行うべきことです。例えば、「産業化以前を基準として地球の平均気温上昇が2℃を超えるべきでない」という目標は、ともすると「2℃を超えると危険だが、2℃以下なら安全」という意味に受け取られる恐れがありますが、そうではありません。リスク管理の観点からは、これが意味するのは「2℃以下のリスクは受け入れる（2℃以下で生じる悪影響は仕方がないと覚悟することにする）」という積極的なリスク保有の判断であると考えられます。

以上のように、温暖化のリスクを管理するとは、とにかく温暖化のリスクがゼロに近くなるように対策を行えばよいということではなく、リスクトレードオフをにらみながらリスク低減オプションとそのレベルを慎重に選択すると同時に、どこまでのリスクなら受け入れられるかというシビアな判断を行うことではないでしょうか。やはり、実際の社会でそのための議論が十分に行われているようにはみえません。

九　東日本大震災の経験から学ぶこと

２０１１年3月11日に東北地方で起こった地震と津波、そしてそれに引き続く福島第一原子力発電所の事故は、リスク管理問題について極めて生々しい形でいくつかの教訓を提示することになりました。特に、「想定外」とよばれた津波に対して原子力発電所の対策が不十分であったことに関して、本書の文脈に照らして少し一般化して考えてみたいと思います。

●どう「想定外」だったのか

まず問題にしたいのは「想定外」の意味です。「まったく想像もつかなかった」ことも想定外とよべますし、「想像はついていたが、確率が低いので想定から除外した」ことも想定外とよべます。報道によれば、今回の津波をめぐる東京電力の「想定外」

は後者に近かったようですが、だからといって直ちにけしからんということにはならないと思います。どんなに低い確率で起こることにもすべて対策をしようとすると（つまり、ゼロリスクを求めようとすると）膨大な費用がかかる場合があるため、どこかで「想定外」を設けて対策を打ち切ること自体は現実的に必要な判断だからです。これは、「想定外」としたことが起こるリスクについては「保有する」、というリスク管理の一部に他なりません。問題は、このリスク保有の判断がどのように行われていたかです。

●低確率×大被害のリスク保有は「発現しない方への賭け」

福島第一原子力発電所の津波対策の判断の適切性について、ここで具体的に論じるつもりはありません。代わりに、より一般化した問題として指摘しておきたいのは、発現確率が非常に低く（例えば千年に一度の津波）、発現した場合の被害が非常の大きい（例えば原子力発電所からの放射能流出）ようなリスク（低確率×大被害リスク）に対する判断の難しさです。仮に、「確率×被害」という掛け算で定義したリスクの大きさが同じであっても、低確率×大被害の場合と高確率×小被害の場合では、リスク保有の判断の難しさが違ってきます。高確率×小被害の場合には、リスクの発現を多数回繰り返して受け入れることが可能です（例えば、小額のお金を払えばよい、軽いけがをするがすぐ治る、など）。このような場合、多数回のトータルでの損得を考えれば、確率×被害の単純な掛け算（期待値）としてのリスクの値が最も役立ち、対策費用とリスク（被害期待値）の和が最小になるまで対策を行う、といった判断が必ずよい結果をもたらします。

しかし、低確率×大被害の場合になればなるほど、掛け算としてのリスクの値だけでは判断できなくなってきます。どんなに確率が低くても、発現してしまえばアウト、つまり繰り返しては受け入れ難いような被害を受けることになるからです。このような場合のリスク保有の判断には「賭け」の要素が大きくなることを指摘しておきたいと思います。低確率×大被害のリスクを保有する判断は、そのリスクが「発現しない方に賭ける」行為と等しいといえます。いうまでもなく、この判断はどんなに合理的に考えても一つの同じ答えにはならないという意味で、「価値判断」あるいは恣意性を含むものになります。

●社会全体が納得がいくだけの透明性はあったか

　すると、次に問題になるのは、誰がその判断（＝「賭け」）を行うか、ということです。例えば、一部の事業者、専門家、官僚などが、その問題に詳しいという理由で判断を行ってもよいでしょうか。一概に悪いとはいえませんが、問題があるとすれば、それは「リスクが実際に発現してしまったときに（＝賭けに負けたときに）、社会がその判断に納得しない」ということでしょう。あるいは「賭けに負けたときに、判断した人が社会に対して責任をとれない」ともいえるかもしれません。賭けに負けたときに社会が納得できる可能性がある判断とは、社会全体が何らかの形で意思決定に参加した上で（選挙で選ばれた政治家が判断する場合を含み得るでしょう）、高い透明性を持って行われた判断に限るのではないでしょうか。

　しかし、科学的な専門性の高い問題、特に不確実性が大きな問題に対して、十分に問題を理解した上で社会が意思決定に参加することは、簡単なことではありません。少なくとも日本においては、そのための有効な仕組みが機能しているとはいえないように思います。

十 今後に向けて

以上に述べてきたように、地球温暖化の影響の総合的な深刻さを判断するためには、科学的な努力に加えて、認識共有や合意形成といった社会的な努力が必要です。人類が地球温暖化の問題に合理的に対処していくためには、特に後者の社会的な努力を今後より意識的に、より活発に行っていく必要があるのではないでしょうか。

●目標は不断に見直されるべき

国際交渉で「2℃」の目標が合意されているのだからそれでいいじゃないか、と思う方もいるかもしれません。本書の立場は、国際社会がさしあたって「2℃」を目指すことを否定するものではありませんが、リスク管理の観点からいえば、目標は不断に見直されるべきであり、地球規模の温暖化対策目標の設定は決して終わった問題ではありません。2009年のCOP15において議論されたコペンハーゲン合意の最後には、以下のような条文があります（COP16で採択されたカンクン合意にもこれを受けた内容があります）。

我々は、条約の究極的な目的の観点を含め、この合意の実施に関する評価を２０１５年までに完了させることを要請する。この評価は、気温が摂氏1.5度上昇することとの関連を含め、科学によって提示される種々の問題に関する長期の目標の強化について検討することを含む。

これは、小島嶼国などが「２℃」よりもさらに厳しい目標（1.5℃）を主張していることに配慮したもののようですが、目標を厳しくすべきか緩くすべきかは別として、とにかく目標が再評価される機会があることがここに明示されています。そして、２０１１年に南アフリカのダーバンで行われた第17回締約国会議（ＣＯＰ17）でも、この評価の実施が確認されました。さしあたってはこの２０１５年の評価を目指して、地球温暖化という問題が、個々人にとって、各国にとって、あるいは人類にとってどれだけ深刻な問題であるかを、じっくり考え、議論する機会を作っていかねばならないと思います。

おわりに

２０１１年3月11日に起こった東日本大震災と引き続く福島第一原子力発電所の事故は、「リスクコミュニケーション」の観点からも、地球温暖化問題にも共通する様々な教訓をもたらしました。

リスクコミュニケーションとは、ある社会的なリスクについて、それに関係する様々な主体（行政、産業、市民、専門家等）が相互に情報交換、意見交換し、意思疎通を図ることです。たまに、行政や専門家が市民に対して一方的に「このリスクは十分に小さいから心配しなくてよい」ことを説得するのがリスクコミュニケーションだと思われていることがありますが、それは誤った、もしくは前時代的な理解です。

例えば、震災後にテレビに放射線医学等の専門家が現れて、年間１００ミリシーベルトの被ばくによる発がんリスクは受動喫煙によるものと同程度などの解説をする場面をよく見かけました。この解説自体は科学的な知見を述べているのでよいと思いますが、それに続けて「ですから、心配する必要はありません」と専門家がいってしまうと、リスクコミュニケーションとしては失敗です。どんなに小さい確率でも、自分や自分の子供が発がんする可能性が上がるのは心配である、と考えるかどうかは価値判断の入る問題だからです。これと同様に、地球温暖化の科学は、例えば気温が2℃上がるとどんなリスクがどれくらい増えるかをいうことができますが、そこからただちに「ですから、2℃を超えると危険です」などのようにはいえません。危険と考えるかどうかは価値判断の入る問題だからです。

他に考えさせられたのは、すべての非常用電源が停止するという可能性に対して原子力発電所が対処を怠っていたことを、世論が一斉に非難したように見えたことです。「そんなに可能性の低いことには対処できていなくても仕方がない」とは誰もいわなかったと思います。温暖化問題の場合はどうでしょう。「可能性は低いかもしれないが、南極の氷床が急激に崩壊するかもしれない、アマゾンの熱帯雨林がすべて枯れてしまうかもしれない」といった話を専門家がすると、「わざわざ可能性の低い話をして危機を煽るのはけしからん」と非難される場合があったように思います。しかし、もしも本当に将来そのようなリスクが発現してしまったら、「なぜその可能性を知っていたのにもっと真剣に警告しなかったのか」と世論は一斉に専門家を非難するのではないでしょうか。震災を経て日本人のリスク意識は変化し、低確率大被害リスクを真剣に考える傾向が増したかもしれません。しかし、依然としてそのようなリスクに関してどうコミュニケーションするかは難しい問題です。

このように、リスクコミュニケーションというのはなかなか難しい営みです。そして、地球温暖化問題のリスクコミュニケーションということを考える場合、地震や原発や放射能のそれとは違った難しさがあります。その最大のものは、地球温暖化問題が文字どおり地球規模の問題であることに由来する難しさでしょう。通常のリスクコミュニケーションは特定の対象地域における関係する主体の間で行われますが、温暖化問題の場合には究極的に目指すべきなのは世界全人類の間でのコミュニケーションということになるでしょう。それは極めて難しいでしょうから、現実には各国内でのコミュニケーションとIPCCの活動や国家間の対話といった国際的なコミュニケーションが総体としてその役割を担うと考えるべきかもしれません。

＊

さて、本書は、このような意味での地球温暖化に関するリスクコミュニケーションの試みの一つといえます。しかし、これはその第一歩、あるいはその材料の一つにすぎません。コミュニケーションはそもそも双方向的であるべきですから、本書のような情報提供を受けて、社会の人々がどう考えるかを我々はぜひ知りたいと思います。人々がどんなリスクを避けるべきと思ったか、どんなリスクについてもっとよく調べてほしいと思ったか、あるいはもっと違う角度で問題を捉えたいと思ったかどうか、などです。そして、社会が温暖化のリスクについての意思決定に至るためには、リスクの情報とあわせて、対策手段についての情報や、より幅広い社会の問題群と温暖化との関係についての情報なども提供されなければならないでしょう。

我々は、これからそのような問題に正面から取り組もうと考えています。2007年から始まった「地球温暖化に係る政策支援と普及啓発のための気候シナリオに関する総合的研究（気候シナリオ「実感」プロジェクト）」は2011年度で終了し、2012年度から新たに「地球規模の気候変動リスク管理戦略の構築に関する総合的研究」（代表：国立環境研究所 江守正多）を開始します。この中で、我々は、地球温暖化のリスクをより深く把握するだけでなく、様々な対策手段や対策をとることにともなうリスクも把握し、人類がそのようなリスクとどう付き合っていくべきかを、社会のみなさんと一緒に考えていきたいと思います。

今となっては、原発の安全性を「神話」にしてはいけなかったことを誰もが知っています。その意味は、どれくらい安全なのかをオープンに議論すべきだったということです。これと同様に、地球温暖化の危険性を「神話」にしてはいけないと思います。もちろん、温暖化は危険でないという「神話」を作ってもいけません。「2℃」といった目標の政治合意としての意義は認めつつも、地球温暖化はどれくらい「怖い」のかをオープンに深く議論し続けることが、この問題についての社会の意思決定を少しでも納得感の高いものにするために必要だと思っています。

なお、本書は一般向けということで本文中に引用文献や細かな注釈を付けていません。しかし、これでは注意深く読みたい読者が個々の記述の根拠をたどることができませんので、引用文献等の補足情報を、技術評論社のホームページ上に用意させて頂くことになりました。読者にはアクセスのお手間をとらせて恐縮ですが、拡張性、柔軟性を考えるとよい方法かもしれないと思います。

http://gihyo.jp/book/support/gw

最後になりましたが、本書の執筆にご協力頂いた東京大学特任助教の吉森正和さん、国立環境研究所アシスタントスタッフの豊島聖美さんに感謝いたします。また、気候シナリオ「実感」プロジェクトの住明正プロジェクトリーダーをはじめ、プロジェクトメンバーの皆さんならびに研究の過程で議論にお付き合い頂いたすべての方々に感謝いたします。そして、本書の企画立ち上げから2年以上の長きにわたり辛抱強くお付き合い頂いた技術評論社書籍編集部の佐藤丈樹さんに深く感謝いたします。

東日本大震災から1年を迎えた２０１２年3月　執筆者を代表して　江守正多

編著者プロフィール

●江守 正多（えもり せいた）

1970年神奈川県生まれ。97年東京大学大学院総合文化研究科広域科学専攻博士課程修了。博士（学術）。97年より国立環境研究所勤務。2006年より国立環境研究所地球環境研究センター温暖化リスク評価研究室（現気候変動リスク評価研究室）室長。気候変動に関する政府間パネル（ICPP）第5次評価報告書執筆者。専門は地球温暖化の将来予測とリスク論。主な著書に『地球温暖化の予測は「正しい」か？ 不確かな未来に科学が挑む』（化学同人）、『温暖化論のホンネ』（武田 邦彦、枝廣 淳子 共著。技術評論社）。

●気候シナリオ「実感」プロジェクト 影響未来像班

環境省環境研究総合推進費プロジェクトS-5「地球温暖化に係る政策支援と普及啓発のための気候変動シナリオに関する総合的研究」（気候シナリオ「実感」プロジェクト）において温暖化の影響評価を担当したグループ。本書では、プロジェクト外から本田氏、山本氏、横木氏が特別に参加。

【執筆者一覧】（五十音順。括弧内は担当章）

●阿部 彩子（あべ あやこ）＊　東京大学 大気海洋研究所 准教授（第一章）

●伊藤 昭彦（いとう あきひこ）　国立環境研究所 地球環境研究センター
物質循環モデリング・解析研究室 主任研究員（第一章・第二章）

●江守 正多（えもり せいた）＊　国立環境研究所 地球環境研究センター
気候変動リスク評価研究室 室長（序章・第一章・終章）

●沖 大幹（おき たいかん）※＊　東京大学 生産技術研究所 教授（第四章）

●髙橋 潔（たかはし きよし）※＊　国立環境研究所 社会環境システム研究センター
統合評価モデリング研究室 主任研究員（第八章）

●長谷川 利拡（はせがわ としひろ）　（独）農業環境技術研究所 大気環境研究領域 上席研究員（第五章）

●藤井 賢彦（ふじい まさひこ）　北海道大学 大学院地球環境科学研究院 准教授（第三章）

●本田 靖（ほんだ やすし）※＊　筑波大学 大学院 人間総合科学研究科 教授（第七章）

●山中 康裕（やまなか やすひろ）　北海道大学 大学院地球環境科学研究院 教授（第一章・第三章）

●山本 彬友（やまもと あきとも）　北海道大学 大学院地球環境科学研究院 博士研究員（第一章）

●横木 裕宗（よこき ひろむね）　茨城大学 工学部 都市システム工学科 教授（第六章）

※ＩＰＣＣ第４次評価報告書執筆者　＊ＩＰＣＣ第５次評価報告書執筆者

タ行

ナ行

ハ行

マ・ヤ・ラ行

索引

カバーデザイン――――――下野剛（tsuyoshi＊graphics）
本文デザイン・レイアウト ―――高瀬美恵子（技術評論社制作業務部）

『地球温暖化はどれくらい「怖い」か?』書籍サポートページ
http://gihyo.jp/book/support/gw
補足情報をこちらでお知らせします。

地球温暖化《ちきゅうおんだんか》はどれくらい「怖《こわ》い」か?
温暖化《おんだんか》リスクの全体像《ぜんたいぞう》を探《さぐ》る

2012年5月25日 初版 第1刷発行

著者 江守正多《えもりせいた》＋
気候《きこう》シナリオ「実感《じっかん》」プロジェクト 影響未来像班《えいきょうみらいぞうはん》
発行者 片岡 巌
発行所 株式会社 技術評論社
東京都新宿区市谷左内町21-13
電話 03-3513-6150 販売促進部 03-3267-2272 書籍編集部
印刷／製本 株式会社 加藤文明社

ISBN 978-4-7741-5035-2 C3044
Printed in Japan